AF305477

COURS COMPLET DE MATHÉMATIQUES
A L'USAGE DE L'ENSEIGNEMENT SECONDAIRE ET DE DIVERS ENSEIGNEMENTS

PETIT COURS

D'ARITHMÉTIQUE

Contenant de nombreux Exercices

RÉDIGÉ CONFORMÉMENT AUX PROGRAMMES DU 31 MAI 1902
A L'USAGE DES CLASSES PRÉPARATOIRES ET ÉLÉMENTAIRES
DE L'ENSEIGNEMENT SECONDAIRE
DES CLASSES ÉLÉMENTAIRES DE L'ENSEIGNEMENT DES JEUNES FILLES
DES CLASSES PRIMAIRES

PAR

Carlo BOURLET

Docteur ès sciences
Professeur de Mathématiques spéciales au Lycée Saint-Louis

PREMIÈRE PARTIE

CLASSES PRÉPARATOIRES

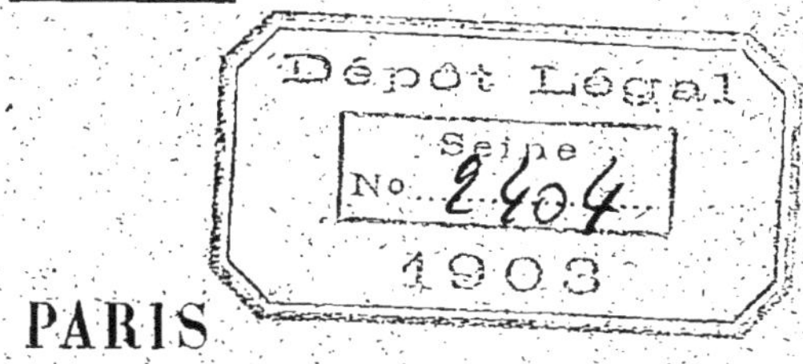

PARIS

LIBRAIRIE HACHETTE ET Cie

79, BOULEVARD SAINT-GERMAIN, 79

1903

AVERTISSEMENT

Le plan de cet ouvrage est strictement celui des programmes de l'enseignement secondaire du 31 mai 1902.

En le rédigeant, nous avons cherché non seulement à suivre l'ordre des matières de ces programmes, mais aussi à nous conformer à leur esprit. Nous avons donc, tout en visant à l'extrême simplicité et en faisant beaucoup appel à la mémoire de l'enfant, essayé d'exercer son jugement, lorsque c'était possible.

A cet effet, tous les exercices du début roulent sur de petits nombres, les seuls que l'enfant puisse concevoir.

Le calcul mental tient une place prépondérante.

Enfin le mécanisme de la numération est longuement étudié, avec détails, car la connaissance de ce mécanisme est indispensable pour que l'élève puisse facilement calculer de tête et comprendre ce qu'il fait.

Carlo Bourlet

PROGRAMME DE CALCUL

PREMIÈRE ANNÉE PRÉPARATOIRE
(3 heures par semaine)

Principes de la numération parlée et de la numération écrite ; s'arrêter d'abord à 100, puis pousser jusqu'à 1000.

Le mètre, le litre, le franc, le gramme. Commencer à indiquer quelques-uns de leurs multiples. Exercices de mesure intuitive.

Calcul mental : Application des quatre règles à des nombres de 1 à 10, puis de 1 à 20, et enfin de 1 à 100. Étude de la table d'addition et de la table de multiplication.

Calcul écrit : L'addition, la soustraction bornées à des nombres de trois chiffres ; la multiplication avec deux chiffres au plus au multiplicateur et la division avec un diviseur inférieur à 10.

Petits problèmes exécutés en classe, le plus souvent au tableau, quelquefois écrits, et ne comportant qu'une seule opération.

DEUXIÈME ANNÉE PRÉPARATOIRE
(3 heures par semaine)

Révision du Cours précédent.

Numération des nombres entiers.

Rappeler les principales unités du système métrique et leurs multiples.

Calcul mental : Insister beaucoup sur le calcul mental. Étude continuée de la table d'addition et de la table de multiplication. Étude des expressions : demi, moitié, tiers, quart. Continuation des exercices de mesure intuitive.

Calcul écrit : Les quatre opérations, toujours sur des nombres peu élevés : trois chiffres au plus au multiplicateur et deux au diviseur.

Petits problèmes simples, résolus le plus souvent en classe au tableau, quelquefois sur copie.

Géométrie intuitive. — Simples exercices pour faire reconnaître et désigner les figures régulières les plus élémentaires : carré, rectangle, triangle, cercle. Différentes sortes d'angles.

De UN à CENT

1. — LES DIX PREMIERS NOMBRES

Un bâton . . . .   /

Un bâton et un bâton font **deux**
   bâtons . . . .   //

Deux bâtons et un bâton font **trois**
   bâtons . . . .   ///

Trois bâtons et un bâton font **quatre**
   bâtons . . . .   ////

Quatre bâtons et un bâton font **cinq**
   bâtons . . . .   /////

Cinq bâtons et un bâton font **six**
   bâtons . . . .   //////

Six bâtons et un bâton font **sept**
   bâtons . . . .   ///////

Sept bâtons et un bâton font **huit**
   bâtons . . . .   ////////

Huit bâtons et un bâton font **neuf**
   bâtons . . . .   /////////

Neuf bâtons et un bâton font **dix**
   bâtons . . . .   //////////

Le mot **un** s'écrit **1**	Le mot **six** s'écrit **6**
— deux — **2**	— sept — **7**
— trois — **3**	— huit — **8**
— quatre — **4**	— neuf — **9**
— cinq — **5**	

CONSEILS AU MAITRE : Nous recommandons particulièrement d'enseigner ces premières leçons, en mettant entre les mains des enfants des objets qu'ils puissent grouper comme l'indique le texte.

Dix bâtons forment une **dizaine** de bâtons.

Une dizaine et un bâton.		*Font* onze bâtons.
Une dizaine et deux bâtons		douze bâtons.
Une dizaine et trois bâtons		treize bâtons.
Une dizaine et quatre bâtons		quatorze bâtons.
Une dizaine et cinq bâtons		quinze bâtons.
Une dizaine et six bâtons		seize bâtons.
Une dizaine et sept bâtons		dix-sept bâtons.
Une dizaine et huit bâtons		dix-huit bâtons.
Une dizaine et neuf bâtons		dix-neuf bâtons.
Une dizaine et dix bâtons		vingt bâtons.

Réunissons les dix bâtons en un paquet.

Une dizaine et dix bâtons font deux paquets de dix bâtons.

Deux paquets de dix font **2** dizaines ou **vingt**.

Deux dizaines se nomment Vingt.

QUESTIONNAIRE :

1. Combien de bâtons y a-t-il dans une dizaine?

2. Qu'est-ce que c'est que : *onze, quinze, dix-sept, douze, dix-huit, treize?*

3. Combien font : *Dix et quatre, dix et neuf, dix et deux, dix et six, dix et un?*

3. — TROISIÈME DIZAINE

Vingt bâtons c'est deux fois dix ou deux dizaines.

A vingt nous ajouterons des bâtons un à un jusqu'à ce que nous en ayons assez pour faire un nouveau paquet.

Deux dizaines et un bâton. . .   *Font*   vingt et un bâtons.

Deux dizaines et deux bâtons   vingt-deux bâtons.

Deux dizaines et trois bâtons   vingt-trois bâtons.

Deux dizaines et quatre bâtons   vingt-quatre bât.

Deux dizaines et cinq bâtons.   vingt-cinq bâtons.

Deux dizaines et six bâtons .   vingt-six bâtons.

Deux dizaines et sept bâtons.   vingt sept bâtons.

Deux dizaines et huit bâtons.   vingt-huit bâtons.

Deux dizaines et neuf bâtons.   vingt-neuf bâtons.

Deux dizaines et dix bâtons .   trente bâtons.

Deux dizaines et dix bâtons font trois paquets de dix.
Trois paquets de dix font **3** dizaines ou **trente.**

Trois dizaines se nomment Trente.

---

1. Combien y a-t-il de pommes dans une *dizaine* de pommes?

2. Combien de dizaines d'allumettes font *vingt* allumettes?

3. Qu'est que c'est que : *Douze, vingt-cinq, dix-sept, onze, vingt-neuf, treize, vingt et un, vingt-six, quatorze, vingt-trois, quinze, dix-neuf?*

4. — QUATRIÈME DIZAINE

Trente, c'est trois fois dix ou trois dizaines.

		Font
Trois dizaines et un. . .		trente et un.
Trois dizaines et deux . .		trente-deux.
Trois dizaines et trois . .		trente-trois.
Trois dizaines et quatre. .		trente-quatre.
Trois dizaines et cinq . .		trente-cinq.
Trois dizaines et six. . .		trente-six.
Trois dizaines et sept . .		trente-sept.
Trois dizaines et huit . .		trente-huit.
Trois dizaines et neuf . .		trente-neuf.
Trois dizaines et dix. . .		quarante.

Trois dizaines et dix font quatre paquets de dix.
Quatre paquets de dix font **4** dizaines ou **quarante**.

Quatre dizaines se nomment Quarante

QUESTIONNAIRE :

1. Combien y a-t-il de dizaines dans *trente* poires?

2. Qu'est-ce que c'est que : *Quinze, seize, vingt-sept, trente et un, vingt-quatre, trente-six, dix-huit, trente-deux, trente-huit, vingt-huit?*

3. Combien font : *Dix et dix, vingt et dix, trente et dix? Dix et un, dix et cinq, dix et dix et sept, dix et quatre, dix et dix et trois, vingt et dix et trois, vingt et dix et un, dix et dix et neuf, dix et vingt et quatre?*

5. — CINQUIÈME DIZAINE

Quarante, c'est quatre fois dix ou quatre dizaines.

		Font
Quatre dizaines et un . . .		quarante et un.
Quatre dizaines et deux. . .		quarante-deux.
Quatre dizaines et trois. . .		quarante-trois.
Quatre dizaines et quatre . .		quarante-quatre.
Quatre dizaines et cinq. . .		quarante-cinq.
Quatre dizaines et six . . .		quarante-six.
Quatre dizaines et sept . .		quarante-sept.
Quatre dizaines et huit . .		quarante-huit.
Quatre dizaines et neuf . .		quarante-neuf.
Quatre dizaines et dix . . .		cinquante.

Quatre dizaines et dix bâtons font cinq paquets de dix.
Cinq paquets de dix sont **5** dizaines ou **cinquante.**

Cinq dizaines se nomment cinquante.

QUESTIONNAIRE :

1. Combien y a-t-il de dizaines dans : *Vingt, trente, quarante?* Combien font *quarante et dix?*

2. Qu'est-ce que : *quarante-trois, vingt-deux, treize, quarante-six, quarante-huit, trente?*

3. Combien font :

Trente et dix et une pommes? trente et dix et sept pommes? trente et dix-sept pommes? trente et dix-neuf poires? trente et douze pêches? trente et quatorze? trente et quinze? Quatre bâtons et un bâton? six cahiers et un cahier? trois pommes et une pomme? dix-huit gâteaux et un gâteau? seize cahiers et un cahier? quarante-trois pommes et une pomme?

6. — SIXIÈME DIZAINE

Cinquante, c'est cinq fois dix ou cinq dizaines.

Cinq dizaines et un . . .		*Font* cinquante et un.
Cinq dizaines et deux. . .		cinquante-deux.
Cinq dizaines et trois. . .		cinquante-trois.
Cinq dizaines et quatre . .		cinquante-quatre.
Cinq dizaines et cinq. . .		cinquante-cinq.
Cinq dizaines et six . . .		cinquante-six.
Cinq dizaines et sept. . .		cinquante-sept.
Cinq dizaines et huit. . .		cinquante-huit.
Cinq dizaines et neuf. . .		cinquante-neuf.
Cinq dizaines et dix . . .		soixante.

Cinq dizaines et dix bâtons font six paquets de dix.
Six paquets de dix sont **6** dizaines ou **soixante**.

Six dizaines se nomment soixante.

---

1. Combien font :
Trois dizaines et quatre; cinq dizaines et six; quatre dizaines et deux; cinq dizaines et sept; deux dizaines et dix; cinq dizaines et dix?

2. Qu'est-ce que : *Cinquante-huit; cinquante-trois; cinquante-neuf?*

3. Combien font :
Quarante et dix et deux allumettes? quarante et dix et cinq aiguilles? vingt et dix et dix? trente et dix et dix? quarante-sept et un? quarante-trois et un? trente-neuf et un? quarante-neuf et un? cinquante-neuf et un?

7. — SEPTIÈME DIZAINE

Soixante, c'est six fois dix ou six dizaines.

		Font
Six dizaines et un . . .		soixante et un.
Six dizaines et deux . .		soixante-deux.
Six dizaines et trois . .		soixante-trois.
Six dizaines et quatre. .		soixante-quatre.
Six dizaines et cinq. . .		soixante-cinq.
Six dizaines et six. . .		soixante-six.
Six dizaines et sept. . .		soixante-sept.
Six dizaines et huit. . .		soixante-huit.
Six dizaines et neuf. . .		soixante-neuf.
Six dizaines et dix. . .		soixante-dix.

Six dizaines et dix bâtons font sept paquets de dix,
Sept paquets de dix sont **7** dizaines ou **soixante-dix.**

Sept dizaines font **soixante-dix.**

---

1. Combien font :
Quatre dizaines et quatre; cinq dizaines et deux; six dizaines et trois; six dizaines et sept; six dizaines et un; quarante et dix et dix; trente et dix et trois; soixante-sept et un; soixante-huit et un; soixante-trois et un; soixante-neuf et un; cinquante et dix et dix?

2. Qu'est-ce que : soixante-trois, soixante-huit, soixante-dix?

8. — HUITIÈME DIZAINE

Soixante-dix, c'est sept fois, dix ou sept dizaines.

Sept dizaines et un.		*Font*	soixante et onze.
Sept dizaines et deux			soixante-douze.
Sept dizaines et trois			soixante-treize,
Sept dizaines et quatre.			soixante-quatorze.
Sept dizaines et cinq.			soixante-quinze.
Sept dizaines et six.			soixante-seize.
Sept dizaines et sept.			soixante-dix-sept.
Sept dizaines et huit.			soixante-dix-huit.
Sept dizaines et neuf.			soixante-dix-neuf.
Sept dizaines et dix.			quatre-vingts.

Sept dizaines et dix bâtons font huit paquets de dix.
Huit paquets de dix sont **8** dizaines ou **quatre-vingts**.

Huit dizaines font Quatre-vingts.

QUESTIONNAIRE :

1. Combien y-a-t-il de *dizaines* dans *soixante-uix* ?

2. Combien font : *Six dizaines; sept dizaines et sept; sept dizaines et huit; sept dizaines et un; quatre dizaines et trois; six dizaines et trois; sept dizaines et neuf; sept dizaines et deux; sept dizaines et quatre? Six dizaines* d'épingles *et une dizaine* d'épingles *et sept* épingles; *six dizaines et dix et un; six dizaines et une dizaine et deux: cinquante et dix et trois; soixante et dix et sept; soixante et dix et quatre; soixante et onze et un; soixante-quatorze et un; soixante-dix-neuf et un?*

Quatre-vingts, c'est huit fois dix ou huit dizaines.

Font

Huit dizaines et un. .		quatre-vingt-un.
Huit dizaines et deux. .		quatre-vingt-deux.
Huit dizaines et trois . .		quatre-vingt-trois.
Huit dizaines et quatre. .		quatre-vingt-quatre.
Huit dizaines et cinq. . .		quatre-vingt-cinq.
Huit dizaines et six. . .		quatre-vingt-six.
Huit dizaines et sept. . .		quatre-vingt-sept.
Huit dizaines et huit. . .		quatre-vingt-huit.
Huit dizaines et neuf. . .		quatre-vingt-neuf.
Huit dizaines et dix. . .		quatre-vingt-dix.

Huit dizaines et dix bâtons font neuf paquets de dix.
Neuf paquets de dix sont **9** dizaines ou **quatre-vingt-dix**.

Neuf dizaines font quatre-vingt-dix.

---

1. Qu'est-ce que : *quatre-vingt-trois; quatre-vingt-sept; soixante-treize; soixante-dix-sept; soixante-quinze; quatre-vingt-huit?*

2. Combien font : *Huit dizaines et deux; huit dizaines et six; sept dizaines et un; six dizaines et dix; sept dizaines et dix; soixante-dix et dix et trois; soixante-dix et une dizaine et cinq; soixante-dix et une dizaine et neuf; quatre-vingt-un et un; quatre-vingt-quatre et un; quatre-vingt-neuf et un?*

10. — DIXIÈME DIZAINE

Quatre-vingt-dix, c'est neuf fois dix ou neuf dizaines.

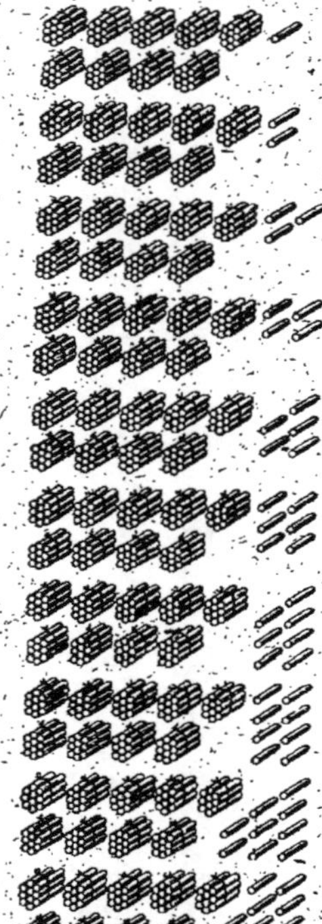

Font

Neuf dizaines et un . . .	quatre-vingt-onze.
Neuf dizaines et deux . .	quatre-vingt-douze.
Neuf dizaines et trois. .	quatre-vingt-treize.
Neuf dizaines et quatre. .	quatre-vingt-quatorze.
Neuf dizaines et cinq. . .	quatre-vingt-quinze.
Neuf dizaines et six. . .	quatre-vingt-seize.
Neuf dizaines et sept. . .	quatre-vingt-dix-sept.
Neuf dizaines et huit. . .	quatre-vingt-dix-huit.
Neuf dizaines et neuf. . .	quatre-vingt-dix-neuf.
Neuf dizaines et dix. . .	cent.

Neuf dizaines et dix bâtons font dix paquets de dix. Dix paquets de dix sont dix dizaines ou **cent**.

QUESTIONNAIRE :

1. Combien y a-t-il de *dizaines* dans *quatre-vingt-dix* ?

2. Qu'est-ce que : *quatre-vingt-dix-sept; soixante-quatorze; quatre-vingt-quatorze; soixante-seize; quatre-vingt-seize; quatre-vingt-onze; quatre-vingt-dix-neuf* ?

3. Combien font : *Neuf dizaines et huit; neuf dizaines et neuf; neuf dizaines et deux; neuf dizaines et trois; neuf dizaines et cinq; quatre-vingt et dix; quatre-vingt et dix et sept; quatre-vingt et une dizaine et quatre; quatre-vingt-dix et dix; quatre-vingt-dix-sept et un; quatre-vingt-onze et un; quatre-vingt-seize et un; quatre-vingt-dix-neuf et un; dix dizaines* ?

11. — LA CENTAINE

Dix dizaines se nomment cent.

Cent, c'est dix fois dix.

Nous lions ensemble dix paquets de dix bâtons et nous en faisons un plus gros paquet.

Cette réunion de dix paquets se nomme une **centaine.**

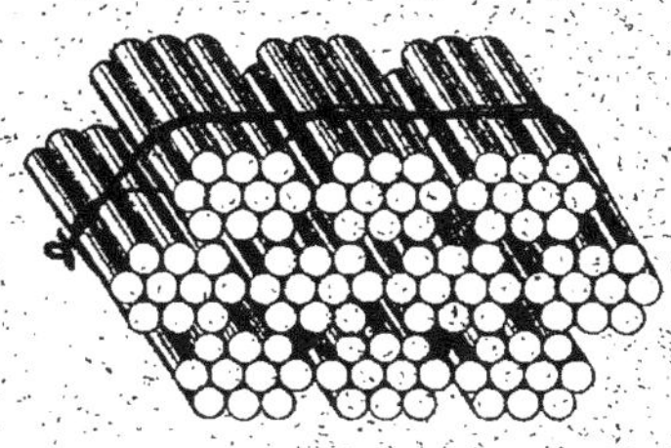

Une centaine.

Dix dizaines font une centaine.

DU ZÉRO

Si l'on veut dire qu'il n'y a pas d'objets à un endroit, on dit qu'il y a en cet endroit **zéro** objet.

EXEMPLE : Dans un panier où il n'y a pas de pommes, il y a *zéro* pomme.

Dans trente-deux bâtons, il y a trois dizaines de bâtons et deux bâtons; mais dans trente bâtons, il y a trois dizaines de bâtons et *zéro* bâton.

QUESTIONNAIRE :

1. Qu'est-ce que *cent*?
2. Dans *cent*, combien de fois dix?
3. Combien faut-il de dizaines pour faire une centaine ?
4. Combien y a-t-il de poires dans un panier où il y a zéro poire ?

12. — UNITÉS

On peut compter, comme les bâtons, des objets quelconques.

Un objet, un cahier, une plume, un livre, se nomme **une unité.**

Il peut y avoir plusieurs objets dans une unité.

Un paquet d'une dizaine est une unité.

Un paquet d'une centaine est une unité.

Un seul objet se nomme unité du premier ordre ou unité simple.

Une dizaine se nomme unité du second ordre.

Une centaine se nomme unité du troisième ordre.

EXEMPLES : — *Trente* est formé de *trois* dizaines, donc il contient *trois unités du second ordre.*

Cinquante est formé de *cinq* dizaines, il contient donc *cinq unités du second ordre.*

Vingt-trois est formé de *deux* dizaines et *trois*, il contient donc *deux unités du second ordre* et *trois unités simples.*

Soixante-douze est formé de *sept* dizaines et *deux*, il contient donc *sept unités du second ordre et deux unités simples.*

---

1. Qu'est-ce que l'unité du second ordre? qu'est-ce que l'unité du troisième ordre?

2. Quelle espèce d'unité est la dizaine?

3. Combien y a-t-il d'unités du second ordre et d'unités du premier ordre dans : *Quarante-cinq*; *vingt-sept*; *trente-trois*; *dix-sept*; *douze*; *onze*; *quatorze*; *soixante-deux*; *soixante-dix-sept*; *soixante-quinze*; *soixante-seize*; *quatre-vingt-un*; *cinquante*; *soixante-dix*; *quatre-vingt-dix*; *quatre-vingt-dix-huit*; *quatre-vingt-treize*; *quatre-vingt-onze*?

13. — ÉCRITURE DES NOMBRES

Le mot zéro	s'écrit	**0**
» un	»	**1**
» deux	»	**2**
» trois	»	**3**
» quatre	»	**4**
» cinq	»	**5**
» six	»	**6**
» sept	»	**7**
» huit	»	**8**
» neuf	»	**9**

0. 1. 2. 3. 4. 5. 6. 7. 8. 9.

sont des **chiffres.**

Les chiffres autres que **0** sont appelés chiffres significatifs.

Pour écrire en chiffres un nombre plus petit que cent, on écrit d'abord le nombre de dizaines et ensuite le nombre d'unités qui le composent.

Le chiffre des unités simples est au premier rang en commençant par la droite.

Le chiffre des dizaines est au second rang à gauche du premier.

De cette façon :

Les unités du premier ordre sont au premier rang.

Les unités du deuxième ordre sont au deuxième rang, de droite à gauche.

14. — ÉCRITURE DES NOMBRES (*Suite*)

Premier exemple. — Écrivons les nombres de dix à vingt.

							Dizaines.	Unités.
dix . .	qui est	*une* dizaine et	*zéro* unité s'écrit	**10**			1	0
onze . .	»	*une* »	*une* »	**11**			1	1
douze. .	»	*une* »	*deux* unités »	**12**			1	2
treize. .	»	*une* »	*trois* »	**13**			1	3
quatorze	»	*une* »	*quatre* »	**14**			1	4
quinze. .	»	*une* »	*cinq* »	**15**			1	5
seize . .	»	*une* »	*six* »	**16**			1	6
dix-sept.	»	*une* »	*sept* »	**17**			1	7
dix-huit.	»	*une* »	*huit* »	**18**			1	8
dix-neuf.	»	*une* »	*neuf* »	**19**			1	9
vingt. .	»	*deux* »	*zéro* »	**20**			2	0

D'après ce qui a été dit,

vingt et un. . .	qui est	*deux* dizaines et	*une* unité s'écrit	**21**
trente.	»	*trois* »	*zéro* »	**30**
quarante-trois . .	»	*quatre* »	*trois* unités »	**43**
soixante-neuf. . .	»	*six* »	*neuf* »	**69**
soixante-dix . . .	»	*sept* »	*zéro* »	**70**
soixante-douze . .	»	*sept* »	*deux* »	**72**
quatre-vingts . . .	»	*huit* »	*zéro* »	**80**
quatre-vingt-six. .	»	*huit* »	*six*	**86**
quatre-vingt-dix . .	»	*neuf* »	*zéro* »	**90**
quatre-vingt-onze. .	»	*neuf* »	*une* »	**91**
quatre-vingt-dix-neuf	»	*neuf* »	*neuf* »	**99**

Cent s'écrit 100

QUESTIONNAIRE :

1. Comment s'écrivent les nombres : sept; douze; seize; vingt-deux; trente-trois; trente-sept; quarante-huit; cinquante; cinquante-sept; quatre-vingt-trois; soixante-sept; soixante-treize; soixante-quinze; quatre-vingt-treize; quatre-vingt-douze; soixante-dix-huit; soixante-dix-neuf; quatre-vingt-dix-huit?

15. — LISTE DES NOMBRES DE UN A CENT

Un	1	Trente-quatre	34	Soixante-sept	67
Deux	2	Trente-cinq	35	Soixante-huit	68
Trois	3	Trente-six	36	Soixante-neuf	69
Quatre	4	Trente-sept	37	Soixante-dix	70
Cinq	5	Trente-huit	38	Soixante et onze	71
Six	6	Trente-neuf	39	Soixante-douze	72
Sept	7	Quarante	40	Soixante-treize	73
Huit	8	Quarante et un	41	Soixante-quatorze	74
Neuf	9	Quarante-deux	42	Soixante-quinze	75
Dix	10	Quarante-trois	43	Soixante-seize	76
Onze	11	Quarante-quatre	44	Soixante-dix-sept	77
Douze	12	Quarante-cinq	45	Soixante-dix-huit	78
Treize	13	Quarante-six	46	Soixante-dix-neuf	79
Quatorze	14	Quarante-sept	47	Quatre-vingts	80
Quinze	15	Quarante-huit	48	Quatre-vingt-un	81
Seize	16	Quarante-neuf	49	Quatre-vingt-deux	82
Dix-sept	17	Cinquante	50	Quatre-vingt-trois	83
Dix-huit	18	Cinquante et un	51	Quatre-vingt-quatre	84
Dix-neuf	19	Cinquante-deux	52	Quatre-vingt-cinq	85
Vingt	20	Cinquante-trois	53	Quatre-vingt-six	86
Vingt et un	21	Cinquante-quatre	54	Quatre-vingt-sept	87
Vingt-deux	22	Cinquante-cinq	55	Quatre-vingt-huit	88
Vingt-trois	23	Cinquante-six	56	Quatre-vingt-neuf	89
Vingt-quatre	24	Cinquante-sept	57	Quatre-vingt-dix	90
Vingt-cinq	25	Cinquante-huit	58	Quatre-vingt-onze	91
Vingt-six	26	Cinquante-neuf	59	Quatre-vingt-douze	92
Vingt-sept	27	Soixante	60	Quatre-vingt-treize	93
Vingt-huit	28	Soixante et un	61	Quatre-vingt-quatorze	94
Vingt-neuf	29	Soixante-deux	62	Quatre-vingt-quinze	95
Trente	30	Soixante-trois	63	Quatre-vingt-seize	96
Trente et un	31	Soixante-quatre	64	Quatre-vingt-dix-sept	97
Trente-deux	32	Soixante-cinq	65	Quatre-vingt-dix-huit	98
Trente-trois	33	Soixante-six	66	Quatre-vingt-dix-neuf	99

Cent 100

L'élève doit savoir cette liste par cœur.

16. — LIRE UN NOMBRE ÉCRIT EN CHIFFRES

Pour lire un nombre de deux chiffres on lit, de gauche à droite, d'abord les dizaines et ensuite les unités simples.

EXEMPLES :

27 c'est *deux* dizaines, ou *vingt*, et *sept* unités : donc **vingt-sept.**

35 — *trois* dizaines, ou *trente*, et *cinq* unités : donc **trente-cinq.**

40 — *quatre* dizaines, ou *quarante*, et *zéro* unité : donc **quarante.**

53 — *cinq* dizaines, ou *cinquante*, et *trois* unités : donc **cinquante-trois.**

68 — *six* dizaines, ou *soixante*, et *huit* unités : donc **soixante-huit.**

12 — *une* dizaine, ou *dix*, et *deux* unités : donc **douze.**

13 — *une* dizaine, ou *dix*, et *trois* unités : donc **treize.**

74 — *sept* dizaines, ou *soixante-dix*, et *quatre* unités : donc **soixante-quatorze.**

86 — *huit* dizaines, ou *quatre-vingts*, et *six* unités : donc **quatre-vingt-six.**

91 — *neuf* dizaines, ou *quatre-vingt-dix*, et *une* unité : donc **quatre-vingt-onze.**

QUESTIONNAIRE :

1. Lire les nombres : 37, 42, 51, 29, 92, 39, 93, 57, 75, 98, 47, 28, 22, 25, 52, 34, 43, 17, 99, 68, 86, 89, 64, 46, 70, 11, 71, 18, 81, 14, 41, 83, 87, 15, 16, 61, 95, 59, 17, 14, 100.
Dire combien il y a de dizaines et d'unités simples dans chacun de ces nombres ?

17. — NOMBRES ORDINAUX

Quand on range des objets, des personnes on indique leur place par un numéro. Ainsi voici un banc d'élèves.

Devant chaque élève, un numéro indique son *rang*.

Celui qui a le numéro **1** se nomme le **premier**.

— **2** se nomme le **second** ou **deuxième**.

— **3** se nomme le **troisième**.

— **4** se nomme le **quatrième**

— **5** se nomme le **cinquième**

— **6** se nomme le **sixième**.

— **7** se nomme le **septième**.

— **8** se nomme le **huitième**.

— **9** se nomme le **neuvième**.

Pour indiquer le rang on fait suivre le numéro de ième.

Ainsi l'élève qui est à la place numéro *dix* est le *dixième*, celui qui est à la place numéro *trente et un* est le *trente et unième*.

---

1. Quel est le rang de l'élève qui a le numéro : *Vingt-cinq; dix-sept; seize; quarante-trois; quatre-vingt-un; soixante-deux?*

2. On range des soldats les uns à côté des autres, quel est le numéro du soldat qui est :

Le second; le septième; le premier; le soixante et unième; le quatre-vingt-quinzième?

18. — ADDITION

Dans un sac il y a *dix* billes, j'y mets *cinq* billes nouvelles, j'ai *ajouté* cinq billes au sac, et il y a maintenant dans le sac *dix et cinq*, c'est-à-dire *quinze* billes.

Ajouter un nombre à un autre c'est faire une addition.

Additionner deux nombres c'est ajouter le second au premier.

Le résultat est ce qu'on appelle la somme ou le total.

Les nombres ajoutés sont les parties de la somme.

Ainsi, quand je dis *dix et cinq* font *quinze*, je fais une **addition** : la **somme** est *quinze*; *dix* et *cinq* sont les **parties** de la somme.

Dix billes — cinq billes — La somme est quinze billes.

Pour indiquer une addition on emploie le signe $+$ qui se lit : **plus**.

Le signe $=$ veut dire : **égale**.

Ainsi $5 + 1 = 6$ se lit : *cinq plus un égale six*, ce qui signifie la même chose que *cinq et un font six*.

QUESTIONNAIRE :

1. Qu'appelle-t-on *additionner* deux nombres ?

2. Qu'est-ce qu'une *addition* ?

3. Qu'est-ce que la *somme* ?

4. Quel nom donne-t-on encore à la somme ?

5. Qu'appelle-t-on *parties* d'une somme ?

6. Par quel signe indique-t-on une addition ?

7. Faire les additions suivantes : *Dix et sept; dix et neuf; dix et deux; dix et cinq; vingt et six; trente et quatre; soixante et trois; soixante-dix et huit; soixante-dix et deux ?*

19. — AJOUTER 0, 1

Lorsqu'on ajoute **zéro** à un nombre, on trouve pour somme ce nombre lui-même, car ajouter **zéro**, c'est **ne rien ajouter du tout**.

Lorsqu'on ajoute **1** à un nombre, on obtient le nombre suivant.

Ainsi quatre et un font cinq ; vingt-quatre et un font vingt-cinq ; cinquante-six et un font cinquante-sept.

0 + 0 = 0	**0 + 1 = 1**	ou **0** *et* **1** *font* **1**
1 + 0 = 1	**1 + 1 = 2**	ou **1** *et* **1** *font* **2**
2 + 0 = 2	**2 + 1 = 3**	ou **2** *et* **1** *font* **3**
3 + 0 = 3	**3 + 1 = 4**	ou **3** *et* **1** *font* **4**
4 + 0 = 4	**4 + 1 = 5**	ou **4** *et* **1** *font* **5**
5 + 0 = 5	**5 + 1 = 6**	ou **5** *et* **1** *font* **6**
6 + 0 = 6	**6 + 1 = 7**	ou **6** *et* **1** *font* **7**
7 + 0 = 7	**7 + 1 = 8**	ou **7** *et* **1** *font* **8**
8 + 0 = 8	**8 + 1 = 9**	ou **8** *et* **1** *font* **9**
9 + 0 = 9	**9 + 1 = 10**	ou **9** *et* **1** *font* **10**

QUESTIONNAIRE :

1. Combien font :

Quinze et zéro ; vingt-deux et un ; trente-quatre et un ; douze et un ; treize et un ; soixante-sept et un ; soixante-dix-sept et un, soixante-douze et un ; quatre-vingt-treize et zéro ; quatre-vingt-treize et un ; quatre-vingt-dix-neuf et un ?

2. Combien font :

4 et 1 ; 16 et 0 ; 23 et 1 ; 43 et 1 ; 58 et 1 ; 69 et 1 ; 71 et 1 ; 77 et 1 ; 76 et 1 ; 85 et 1 ; 95 et 1 ; 79 et 0 ; 79 et 1 ; 22 et 0 ; 14 et 1 ; 16 et 1 ; 19 et 0 ; 19 et 1 ?

3. Faire les additions :

12 + 0 ; 45 + 1 ; 52 + 1 ; 29 + 1 ; 57 + 0 ; 69 + 0 ; 69 + 1 ; 61 + 1 ; 62 + 1 ; 98 + 1 ; 99 + 1 ; 17 + 0 ; 17 + 1 ; 33 + 1 ; 48 + 1.

EXERCICES DE CALCUL MENTAL.

4. Dans un compartiment de chemin de fer il y a 6 voyageurs, il en monte un de plus, combien y a-t-il après cela de voyageurs dans le compartiment ?

5. Un élève a 12 bons points ; il en gagne encore 1, combien en a-t-il ?

6. Dans une classe il y a 32 élèves, il en vient un nouveau. Combien y a-t-il d'élèves dans la classe après cela ?

20. — AJOUTER 2, 3, 4

Dans un sac il y a quatre billes; je veux y *ajouter* trois billes.

J'en ajoute d'abord *une* et je dis quatre et un font cinq; puis j'en ajoute une *seconde* et je dis cinq et un font six; enfin, j'ajoute la *troisième* et je dis six et un font sept.

Finalement il y a sept billes dans le sac. Je peux donc dire que **4** billes et **3** billes font **7** billes.

Pour ajouter **2** on ajoute deux fois **1**.
—   **3**   —   trois fois **1**.
—   **4**   —   quatre fois **1**.

D'après cela, l'élève effectuera les additions suivantes et apprendra les résultats par cœur.

$0+2=2$	$0+3=3$	$0+4=4$
$1+2=$	$1+3=$	$1+4=$
$2+2=$	$2+3=$	$2+4=$
$3+2=$	$3+3=$	$3+4=$
$4+2=$	$4+3=$	$4+4=$
$5+2=$	$5+3=$	$5+4=$
$6+2=$	$6+3=$	$6+4=$
$7+2=$	$7+3=$	$7+4=$
$8+2=$	$8+3=$	$8+4=$
$9+2=$	$9+3=$	$9+4=$

EXERCICES DE CALCUL MENTAL.

1. Un garçon a 4 billes, on lui en donne 2, combien en a-t-il ?

2. Jean a 6 sous, sa mère lui en donne 3, combien a-t-il de sous ?

3. Un élève a 7 bons points, il en gagne 2, combien en a-t-il ?

4. Dans un jardin il y a 6 arbres, on en plante 4 autres, combien y a-t-il d'arbres dans le jardin ?

5. Pierre achète deux gâteaux, le premier coûte 2 sous et le second 3 sous, combien a-t-il payé en tout ?

6. Dans une classe il y a 9 garçons et 4 filles, combien y a-t-il en tout d'élèves dans la classe ?

7. Dans un café, un consommateur paie son verre de bière 6 sous et donne 2 sous de pourboire au garçon, combien a-t-il payé ?

21. — AJOUTER 5, 6, 7

Pour ajouter **5** on ajoute cinq fois **1**.
— **6** — six fois **1**.
— **7** — sept fois **1**.

D'après cela, l'élève effectuera les additions suivantes et apprendra les résultats par cœur.

$0 + 5 = 5$	$0 + 6 = 6$	$0 + 7 = 7$
$1 + 5 =$	$1 + 6 =$	$1 + 7 =$
$2 + 5 =$	$2 + 6 =$	$2 + 7 =$
$3 + 5 =$	$3 + 6 =$	$3 + 7 =$
$4 + 5 =$	$4 + 6 =$	$4 + 7 =$
$5 + 5 =$	$5 + 6 =$	$5 + 7 =$
$6 + 5 =$	$6 + 6 =$	$6 + 7 =$
$7 + 5 =$	$7 + 6 =$	$7 + 7 =$
$8 + 5 =$	$8 + 6 =$	$8 + 7 =$
$9 + 5 =$	$9 + 6 =$	$9 + 7 =$

EXERCICES DE CALCUL MENTAL

1. Dans un panier il y a 7 pommes et 5 poires, combien y a-t-il de fruits dans le panier ?

2. Dans un salon il y a 9 chaises et 6 fauteuils, combien y a-t-il de sièges dans le salon ?

3. Dans une classe il y a deux rangées de bancs. Dans la première rangée il y a 8 bancs et dans la seconde 7 bancs. Combien y a-t-il en tout de bancs dans la classe ?

4. Il y a dans une cage 3 canaris et 5 chardonnerets, combien y a-t-il d'oiseaux dans la cage ?

5. Un petit garçon achète une voiture avec un cheval. La voiture et le cheval coûtent chacun 6 sous. Qu'est-ce qu'il a payé le tout ?

6. Un élève a 2 cahiers de brouillon et 5 cahiers de devoirs, combien a-t-il de cahiers en tout ?

7. Un pêcheur a pris 3 carpes et autant de brochets, combien a-t-il pris de poissons ?

8. Un ouvrier a travaillé 4 heures le matin et 5 heures dans l'après-midi, pendant combien d'heures a-t-il travaillé dans la journée ?

22. — AJOUTER 8, 9

Pour ajouter **8** on ajoute huit fois **1**.
— **9** — neuf fois **1**.

D'après cela, l'élève effectuera les additions suivantes et apprendra les résultats par cœur.

$0+8=8$	$0+9=9$
$1+8=$	$1+9=$
$2+8=$	$2+9=$
$3+9=$	$3+9=$
$4+8=$	$4+9=$
$5+8=$	$5+9=$
$6+8=$	$6+9=$
$7+8=$	$7+9=$
$8+8=$	$8+9=$
$9+8=$	$9+9=$

Si sur un tas de **4** billes on ajoute **5** billes, on obtiendra le même résultat que si sur un tas de **5** billes on ajoutait **4** billes ; car dans ces deux cas c'est réunir deux tas, l'un de **4** billes, l'autre de **5** billes, cela fait en tout **9** billes.

Donc **4** et **5** est égal à **5** et **4**. De même :

$$3+2=2+3 \qquad 4+3=3+4 \qquad 7+5=5+7$$
$$8+4=4+8 \qquad 6+2=2+6 \qquad 3+9=9+3$$

Une somme ne change pas quand on change l'ordre des parties.

EXERCICES DE CALCUL MENTAL.

1. Dans une famille il y a 3 garçons et 8 filles, combien y a-t-il d'enfants dans cette famille ?

2. Un chasseur a tué 9 cailles et 8 perdreaux, combien a-t-il tué de pièces de gibier ?

23. — LE MÈTRE

Pour mesurer la longueur d'une corde, d'une pièce d'étoffe, d'une route, on se sert d'un mètre.

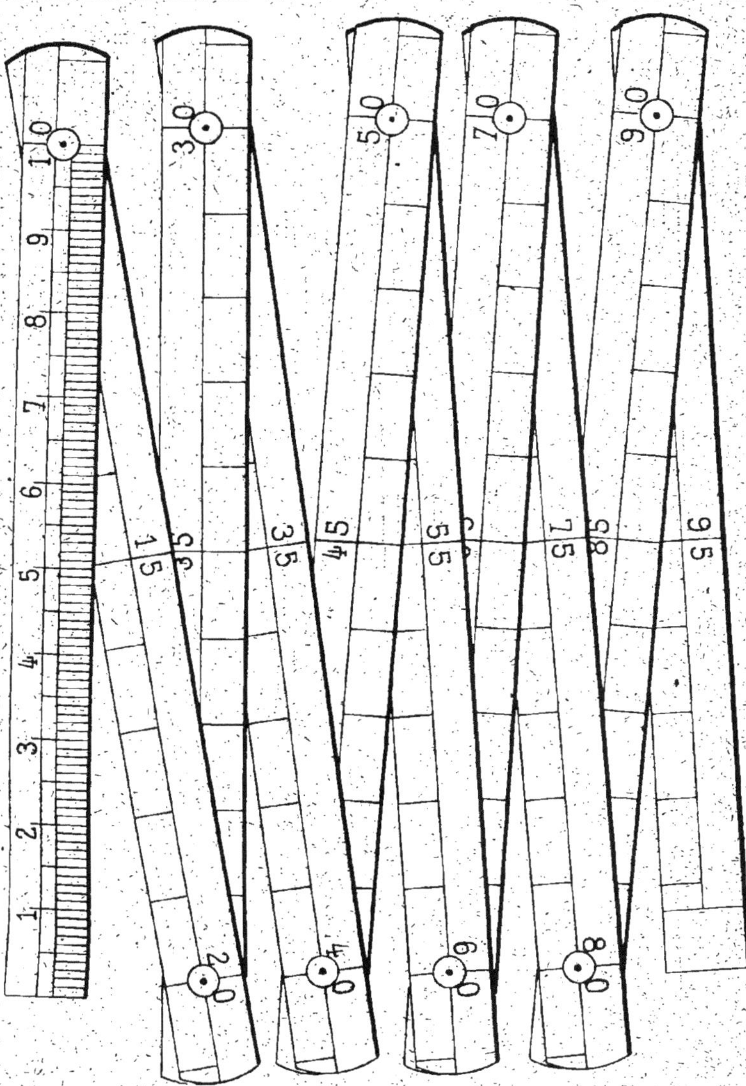

Un mètre pliant, grandeur réelle.

Pour mesurer les liquides, les grains, on se sert du litre.

Un litre, grandeur réelle.

25. — LE GRAMME

Pour peser, on se sert du **gramme**.

Le gramme est un petit poids en cuivre.

10 grammes.

1 gramme.

LE FRANC

Le **franc** est une pièce d'argent qui pèse cinq grammes.

Face.

Pile.

Le franc, grandeur réelle.

Dans un franc il y a cent **centimes**.
Cent centimes font un franc.

---

1. On attache, bout à bout, deux ficelles, l'une de 7 mètres de longueur, l'autre de 9 mètres de longueur. Quelle est la longueur totale ?

2. Un ouvrier a gagné 8 francs et sa femme 3 francs. Combien ont-ils gagné ensemble ?

3. Une feuille de papier à lettres pèse 6 grammes, on la met dans une enveloppe qui pèse 5 grammes. Que pèse la lettre fermée ?

4. Un enfant jette une balle à 7 mètres de distance; la balle rebondit et fait un second bond de 4 mètres plus loin. A quelle distance de l'enfant est-elle tombée ?

5. Pour faire de la boisson on mélange 5 litres de vin avec 8 litres d'eau. Combien de litres de boisson a-t-on ?

6. Une cuisinière a acheté une dinde qu'elle a payée 9 francs; et un canard qu'elle a payé 3 francs. Combien a-t-elle dépensé ?

26. — ADDITIONS DE DIZAINES

2 dizaines et **3** dizaines font **5** dizaines; donc vingt et trente font cinquante, ou

$$20 + 30 = 50.$$

5 dizaines et dix font **6** dizaines, donc cinquante et dix font soixante, ou

$$50 + 10 = 60.$$

En raisonnant de même, l'élève fera les additions suivantes :

$10 + 10 =$	$20 + 20 =$	$20 + 70 =$
$20 + 10 =$	$40 + 20 =$	$10 + 60 =$
$30 + 10 =$	$70 + 20 =$	$10 + 80 =$
$40 + 10 =$	$80 + 20 =$	$10 + 90 =$
$50 + 10 =$	$10 + 30 =$	$20 + 30 =$
$60 + 10 =$	$50 + 30 =$	$20 + 50 =$
$70 + 10 =$	$30 + 40 =$	$30 + 30 =$
$80 + 10 =$	$40 + 40 =$	$30 + 70 =$
$90 + 10 =$	$50 + 50 =$	$40 + 60 =$

QUESTIONNAIRE :

1. Faire repasser à l'élève sa table d'addition en complétant par des exercices oraux de ce genre : « Que font : 4 et 5? 40 et 50? 3 et 2? 30 et 20? 1 et 4? 10 et 40? et ainsi de suite.»

EXERCICES DE CALCUL MENTAL.

2. Une dame a acheté un costume. Elle a payé la jupe 50 fr. et le corsage 30 fr. Combien a coûté le costume ?

3. Dans un lycée il y a deux divisions de la classe enfantine. Dans la division A il y a 30 élèves, et dans la division B il y a 20 élèves. Combien y a-t-il en tout d'élèves de la classe enfantine ?

4. Pour faire du sirop on fait fondre dans 40 grammes d'eau le même poids de sucre. Combien de grammes de sirop a-t-on ?

5. Les élèves des lycées ont eu 60 jours de grandes vacances et 20 jours de petites vacances dans une année. Combien y a-t-il eu en tout de jours de vacances dans cette année ?

6. Dans une boîte de bonbons il y a 40 pralines et 60 dragées. Combien y a-t-il de bonbons dans la boîte?

7. Dans une cave il y a deux tonneaux. Le premier contient 50 litres de vin; le second contient 20 litres de plus que le premier. Que contient le second ?

27. — DÉCOMPOSITION D'UN NOMBRE EN DEUX PARTIES

S'exercer à bien savoir cette table :

2 c'est **1+1**	**3** c'est **1+2**	**4** c'est **1+3**
		ou **2+2**
5 c'est **1+4**	**6** c'est **1+5**	**7** c'est **1+6**
ou **2+3**	ou **2+4**	ou **2+5**
	ou **3+3**	ou **3+4**
8 c'est **1+7**	**9** c'est **1+8**	**10** c'est **1+9**
ou **2+6**	ou **2+7**	ou **2+8**
ou **3+5**	ou **3+6**	ou **3+7**
ou **4+4**	ou **4+5**	ou **4+6**
		ou **5+5**
11 c'est **1+10**	**12** c'est **2+10**	**13** c'est **3+10**
ou **2+9**	ou **3+9**	ou **4+9**
ou **3+8**	ou **4+8**	ou **5+8**
ou **4+7**	ou **5+7**	ou **6+7**
ou **5+6**	ou **6+6**	
14 c'est **4+10**	**15** c'est **5+10**	**16** c'est **6+10**
ou **5+9**	ou **6+9**	ou **7+9**
ou **6+8**	ou **7+8**	ou **8+8**
ou **7+7**		
17 c'est **7+10**		**18** c'est **8+10**
ou **8+9**		ou **9+9**

QUESTIONNAIRE :

1. Combien faut-il ajouter à 8 pour avoir 12 ?

2. Combien faut-il ajouter à 7 pour avoir 9 ?

3. Combien faut-il ajouter à 5 pour avoir 8 ? à 4 pour avoir 11 ?
à 7 pour avoir 13 ? à 9 pour avoir 16 ? à 3 pour avoir 8 ?

4. Que faut-il ajouter à

1, 2, 3, 4, 5, 6, 7, 8, 9,

pour avoir *dix*.

EXERCICES DE CALCUL MENTAL.

5. Un élève a 6 bons points, combien faut-il qu'il en gagne pour en avoir 10 ?

6. Dans un seau pouvant contenir 12 litres, il y a 6 litres d'eau, combien faut-il encore verser d'eau pour le remplir ?

28. — EXERCICE IMPORTANT

Rappelons-nous que :

onze	c'est	dix et un.
douze	—	dix et deux.
treize	—	dix et trois.
quatorze	—	dix et quatre.
quinze	—	dix et cinq.
seize	—	dix et six.

Alors, quarante et dix-sept c'est quarante et dix et sept ou **cinquante-sept.**

Vingt et douze c'est vingt et dix et deux ou **trente-deux.**

Faire les additions suivantes :

20 + 11 =	40 + 15 =	70 + 17 =
20 + 12 =	40 + 19 =	70 + 18 =
20 + 13 =	50 + 11 =	80 + 10 =
20 + 14 =	50 + 12 =	80 + 11 =
20 + 15 =	50 + 17 =	80 + 13 =
20 + 19 =	50 + 19 =	80 + 16 =
30 + 13 =	60 + 14 =	80 + 17 =
30 + 16 =	60 + 15 =	10 + 12 =
30 + 17 =	60 + 16 =	10 + 15 =
30 + 18 =	60 + 17 =	10 + 16 =
40 + 10 =	70 + 12 =	10 + 19 =
40 + 13 =	70 + 14 =	90 + 10 =

QUESTIONNAIRE :

1. Faire oralement les sommes : *Vingt et dix-huit; trente et quinze; quarante et douze; soixante et seize; cinquante et dix; cinquante et dix-huit; quatre-vingt et quatorze.*

EXERCICES DE CALCUL MENTAL.

2. Au commencement de l'année il y avait 20 élèves dans une classe. Pendant le courant de l'année il en est entré encore 13. Combien y a-t-il maintenant d'élèves dans la classe ?

3. Un paysan a 5o moutons et 12 bœufs, combien a-t-il de têtes de bétail ?

4. Un jeune homme a 17 ans, son père a 3o ans de plus que lui. Quel est l'âge du père ?

29. — ADDITION D'UN CHIFFRE

Pour ajouter un nombre d'un seul chiffre à un autre nombre, on ajoute ce chiffre au chiffre des unités de l'autre.

Ainsi on a : $5+3=8$, $2+7=9$,
donc $45+3=48$, $72+7=79$.

Lorsque la somme du chiffre qu'on ajoute et du chiffre des unités de l'autre nombre est plus grande que **9**, on est ramené au cas précédent.

Ainsi *cinq* et *six* font *onze*; donc *quarante-cinq* et *six* font *quarante* et *onze* ou *cinquante et un*.

De même *sept* et *huit* font *quinze*; donc *soixante-dix-sept* et *huit* font *soixante-dix* et *quinze* ou *quatre-vingt-cinq*.

Exercices écrits à remplir, ou à faire oralement :

$63+4=$	$62+7=$	$32+4=$
$51+7=$	$72+6=$	$25+3=$
$48+1=$	$41+8=$	$55+2=$
$23+7=$	$22+8=$	$31+9=$
$44+8=$	$57+6=$	$72+9=$
$77+5=$	$83+8=$	$92+5=$

QUESTIONNAIRE :

1. Combien font :

Trente-deux et trois; dix-sept et deux; cinquante-quatre et cinq; quatre-vingt-quinze et deux; vingt-cinq et un; soixante-deux et quatre; onze et huit; treize et sept; quatre-vingt-cinq et cinq; cinquante-sept et huit; soixante-six et six; vingt-huit et quatre; quatre-vingt-quinze et cinq?

EXERCICES DE CALCUL MENTAL.

2. Compter de 2 en 2 à partir de 1 : 1 et 2 font 3; 3 et 2 font 5, 5 et 2 font...; et ainsi de suite jusqu'à 49.

3. Compter de 3 en 3 à partir de 4 : 4 et 3 font 7; 7 et 3 font 10; et ainsi de suite jusqu'à 40.

4. Compter de 5 en 5 à partir de 3, jusqu'à 63.

5. Compter de 7 en 7 à partir de 2 jusqu'à 72.

6. Dans un tonneau il y a 62 litres de vin; on y ajoute 5 litres. Combien y a-t-il après cela dans le tonneau?

30. — SOMME DE PLUSIEURS NOMBRES

Lorsqu'on écrit $4+5+2+8$, cela signifie qu'à **4** on doit ajouter **5**, à la somme obtenue ajouter **2** et à la nouvelle somme ajouter **8**.

On dit donc : **4** et **5** font **9**, **9** et **2** font **11**, **11** et **8** font **19**.

La somme totale est **19**.

Exercices écrits à remplir, ou à faire oralement :

$8+1+4=$	$12+6+3=$	$50+13+4=$
$4+2+5=$	$21+4+5=$	$20+17+5=$
$2+7+3=$	$13+2+7=$	$30+12+9=$
$6+1+7=$	$35+4+5=$	$40+13+2=$
$4+3+5=$	$66+7+2=$	$50+17+3=$
$6+2+5=$	$72+1+9=$	$80+12+7=$
$9+2+7=$	$47+5+6=$	$70+16+4=$

$2+7+5+3=$	$48+3+6+5=$
$5+3+8+4=$	$38+6+3+4=$
$8+5+6+9=$	$77+6+5+4=$
$7+2+6+5=$	$22+8+5+9=$
$9+5+4+3=$	$40+16+5+9=$
$2+5+9+6=$	$60+12+4+3=$
$4+3+8+6=$	$20+16+5+9=$
$26+3+5+4=$	$50+14+3+7=$
$52+4+6+7=$	$80+13+2+1=$
$85+5+4+4=$	$70+12+4+5=$

EXERCICES DE CALCUL MENTAL.

1. Un homme adulte a 20 dents molaires, 4 canines et 8 incisives. Combien a-t-il de dents ?

2. Un fermier a 40 moutons, 16 porcs, 6 vaches et 3 bœufs, combien a-t-il de têtes de bestiaux ?

3. Dans un panier il y a 40 pommes, 30 poires, 13 pêches, 8 abricots et 4 prunes. Combien y a-t-il de fruits dans le panier ?

4. Un pharmacien, pour faire une potion, fait dissoudre dans 50 grammes d'eau, 20 grammes de sucre, 5 grammes d'antipyrine et 8 grammes de sulfate de quinine. Quel est le poids de la potion ?

31. — SOUSTRACTION

Dans une corbeille il y a **8** noix, j'en retire **3**, combien reste-t-il de noix dans la corbeille?

Je retire les noix une à une :

des   **8**   j'en enlève   **1**   il en reste   **7,**
des   **7**   j'en enlève   **1**   il en reste   **6,**
des   **6**   j'en enlève   **1**   il en reste   **5.**

Il reste donc finalement **5** noix dans la corbeille.

Retrancher un nombre d'un autre c'est faire une soustraction.

J'ai retranché **3** noix, j'ai donc fait une soustraction, j'ai *soustrait* le nombre **3** du nombre **8**.

Le résultat est ce qu'on nomme la différence des deux nombres 8 et 3, ou encore l'excès de 8 sur 3, ou encore le reste obtenu en retranchant 3 de 8.

Pour indiquer une soustraction on emploie le signe — qui se lit : *moins*.

Ainsi **8—3** se lit : *huit moins trois*.

On écrit donc :

$$8 - 3 = 5,$$

qui se lit : *huit moins trois égale cinq*.

On peut encore dire : *trois retranché de huit reste cinq* ou, plus brièvement, *trois de huit reste cinq*.

QUESTIONNAIRE :

1. Qu'est-ce que c'est que faire une soustraction?

2. Quels sont les noms que l'on donne au résultat de la soustraction?

3. Comment indique-t-on une soustraction?

4. Que signifie 9 — 4, 7 — 2?

5. Quand on a la différence de deux nombres et le plus petit de ces deux nombres, comment obtient-on le plus grand? Donner un exemple.

32. — SOUSTRACTION (*Suite*)

Si, après avoir enlevé les trois noix de la corbeille je les y remets, je retrouve huit noix dans la corbeille. J'aurai fait une addition.

$$5 + 3 = 8.$$

Donc, la différence de deux nombres est ce qu'il faut ajouter au plus petit pour avoir le plus grand.

En ajoutant **3** à **5** je retrouve **8**; donc **5** est la différence entre **8** et **3**.

Pour faire une soustraction de deux nombres, on cherche quel est le nombre qu'il faut ajouter au plus petit des deux pour avoir le plus grand.

Ainsi, pour retrancher **2** de **5**, on cherche ce qu'il faut ajouter à **5** pour avoir **2**. On a appris (n° 27) à décomposer **5**, et on sait que $5 = 2 + 3$; donc la différence est **3**.

PREMIER EXERCICE. — Remplir les places blanches, en indiquant les nombres à ajouter.

$2 = 1 +$	donc $2 - 1 =$	$9 = 4 +$	donc $9 - 4 =$
$3 = 2 +$	» $3 - 2 =$	$13 = 9 +$	» $13 - 9 =$
$6 = 1 +$	» $6 - 1 =$	$11 = 8 +$	» $11 - 8 =$
$7 = 6 +$	» $7 - 6 =$	$11 = 4 +$	» $11 - 4 =$
$7 = 5 +$	» $7 - 5 =$	$14 = 7 +$	» $14 - 7 =$
$8 = 7 +$	» $8 - 7 =$	$10 = 3 +$	» $10 - 3 =$
$8 = 3 +$	» $8 - 3 =$	$15 = 7 +$	» $15 - 7 =$
$9 = 3 +$	» $9 - 3 =$	$16 = 9 +$	» $16 - 9 =$
$10 = 7 +$	» $10 - 7 =$	$16 = 8 +$	» $16 - 8 =$
$12 = 6 +$	» $12 - 6 =$	$17 = 9 +$	» $17 - 9 =$
$15 = 8 +$	» $15 - 8 =$	$18 = 9 +$	» $18 - 9 =$

33. — SOUSTRACTION (*Fin*)

DEUXIÈME EXERCICE. — Faire directement les soustractions.

4 — 1 =	5 — 4 =	7 — 4 =
6 — 5 =	3 — 2 =	4 — 3 =
8 — 4 =	9 — 4 =	6 — 2 =
7 — 1 =	7 — 3 =	9 — 8 =
10 — 2 =	12 — 3 =	11 — 7 =
11 — 3 =	13 — 4 =	13 — 5 =
17 — 8 =	15 — 6 =	15 — 9 =
14 — 6 =	14 — 8 =	16 — 7 =
18 — 9 =	16 — 8 =	10 — 5 =

EXERCICES DE CALCUL MENTAL.

1. Dans une classe il y a 12 élèves; il y en a 4 malades. Combien en reste-t-il ?

2. Sur un espalier il y a 9 pêches; on en cueille 3. Combien en reste-t-il ?

3. Dans un seau qui peut contenir 10 litres, il y a 6 litres d'eau. Combien faut-il ajouter d'eau pour le remplir ?

4. Un petit garçon voudrait acheter un fusil qui coûte 8 fr.; il n'a que 5 francs dans sa tirelire. Combien de francs doit-il encore gagner pour pouvoir acheter le fusil ?

5. Un enfant a 11 sous; il donne 2 sous à un pauvre. Combien lui reste-t-il de sous ?

6. Un enfant a 13 billes dans sa poche; en courant trop vite il en perd, et lorsqu'il s'en aperçoit il n'a plus que 9 billes dans sa poche. Combien de billes a-t-il perdues ?

7. Dans une pièce de drap qui a 13 mètres de long, on coupe 5 mètres, combien en reste-t-il ?

8. On expédie une douzaine d'œufs par le chemin de fer; il y en a 3 cassés en route. Combien y en a-t-il d'entiers à l'arrivée ?

9. Une personne a dépensé 35 sous pour un fiacre, 6 sous pour un omnibus, 2 sous pour un pauvre, et 3 sous pour une lettre. Combien de sous a-t-elle dépensés en tout ?

10. Un voyageur a fait 5 lieues le premier jour, 6 le second, 4 le troisième, et 8 le quatrième. Quel est le chemin total parcouru ?

11. Une personne a 17 francs dans son porte-monnaie. Elle achète d'abord un chapeau de 8 francs; puis une paire de gants de 3 francs. Combien lui reste-t-il d'argent après les deux achats ?

34. — MULTIPLICATION

J'ai trois tas de **4** noix chacun, je les mets l'un après l'autre dans un sac ; il y a alors dans le sac

$$4+4+4=12 \text{ noix}$$

et j'ai mis dans le sac *trois fois quatre noix*. J'ai fait ainsi une *multiplication*.

Ajouter ensemble plusieurs nombres égaux c'est faire une **multiplication**.

Multiplier 4 par 3, c'est prendre 3 fois 4, c'est-à-dire faire la somme de 3 nombres égaux à 4.

On appelle **Multiplicande** le nombre qui est pris plusieurs fois.

On appelle **Multiplicateur** le nombre qui indique combien de fois on prend le multiplicande.

Le résultat est ce qu'on appelle le **produit.**

Le multiplicande et le multiplicateur sont appelés les **facteurs** du produit.

Ainsi quand on prend **3** fois **4**, c'est-à-dire quand on multiplie **4** par **3**.

> **4** est le *multiplicande*,
> **3** est le *multiplicateur*,
> **12** est le *produit*,
> **4** et **3** sont les *facteurs* du produit.

L'addition, la soustraction et la multiplication sont appelées des opérations.

35. — MULTIPLICATION

Pour indiquer une multiplication on se sert du signe $\times$ ou d'un *point*.

On écrit *d'abord* le multiplicande, *puis* le signe $\times$ ou le point et *ensuite* le multiplicateur.

Ainsi $\qquad 4 \times 3 \qquad$ ou $\qquad 4 \cdot 3$

se lit $\qquad$ **4** *multiplié par* **3** $\qquad$ ou **3** *fois* **4**.

On peut donc écrire :

$$4 \times 3 = 12,$$
$$\text{ou} \qquad 4 \cdot 3 = 12,$$

ce qui se lit $\quad$ **4** *multiplié par* **3** *égale* **12**

ou $\qquad$ **3** *fois* **4** *font* **12**.

PROBLÈME. — *Un livre coûte* **3** *francs, combien paiera-t-on pour avoir* **5** *livres pareils?*

Chaque fois qu'on achète un livre on paie **3** francs. Pour avoir **5** livres il faudra payer **5** fois **3** francs. On paiera donc :

$$3 \times 5 = 3 + 3 + 3 + 3 + 3 = 15 \text{ francs.}$$

On voit que, pour avoir le prix total de plusieurs objets, on multiplie le prix d'un objet par le nombre des objets.

QUESTIONNAIRE

1. Qu'est-ce que faire une multiplication?

2. Qu'est-ce que c'est que multiplier 5 par 3?

3. Qu'est-ce que c'est que le multiplicande?

4. Qu'est-ce que c'est que le multiplicateur?

5. Comment nomme-t-on le nombre que l'on ajoute plusieurs fois à lui-même dans une multiplication?

6. Comment nomme-t-on le nombre qui indique combien de fois on ajoute le multiplicande à lui-même?

7. Qu'est-ce que c'est que le produit?

8. Quel nom donne-t-on encore au multiplicande et au multiplicateur?

9. Quel est le signe de la multiplication?

10. Comment lit-on les égalités : $5 \times 2 = 10$, $4 \cdot 2 = 8$?

36. — PRODUITS PAR 0, 1, 2

Multiplier un nombre par zéro, c'est prendre zéro fois ce nombre, cela veut dire ne pas le prendre du tout.

Donc le produit d'un nombre quelconque par zéro est égal à zéro.

Multiplier un nombre par **1** c'est le prendre *une* fois.

Donc le produit d'un nombre quelconque par 1 est égal à ce nombre lui-même.

0 fois 0 = 0 × 0 = 0	1 fois 0 = 0 × 1 = 0
0 fois 1 = 1 × 0 = 0	1 fois 1 = 1 × 1 = 1
0 fois 2 = 2 × 0 = 0	1 fois 2 = 2 × 1 = 2
0 fois 3 = 3 × 0 = 0	1 fois 3 = 3 × 1 = 3
0 fois 4 = 4 × 0 = 0	1 fois 4 = 4 × 1 = 4
0 fois 5 = 5 × 0 = 0	1 fois 5 = 5 × 1 = 5
0 fois 6 = 6 × 0 = 0	1 fois 6 = 6 × 1 = 6
0 fois 7 = 7 × 0 = 0	1 fois 7 = 7 × 1 = 7
0 fois 8 = 8 × 0 = 0	1 fois 8 = 8 × 1 = 8
0 fois 9 = 9 × 0 = 0	1 fois 9 = 9 × 1 = 9

Multiplier un nombre par **2**, c'est ajouter deux fois ce nombre à lui-même.

D'après cela, trouver les produits suivants et apprendre les résultats par cœur :

0 × 2 = 0 + 0 = 0	5 × 2 = 5 + 5 =
1 × 2 = 1 + 1 = 2	6 × 2 = 6 + 6 =
2 × 2 = 2 + 2 =	7 × 2 = 7 + 7 =
3 × 2 = 3 + 3 =	8 × 2 = 8 + 8 =
4 × 2 = 4 + 4 =	9 × 2 = 9 + 9 =

EXERCICES DE CALCUL MENTAL.

1. Un enfant achète 2 toupies qui coûtent 2 sous chaque. Combien a-t-il payé ?

2. Combien pèsent ensemble 2 lettres qui pèsent chacune 9 grammes ?

37. — PRODUITS PAR 3 ET 4

Multiplier un nombre par **3**, c'est ajouter trois fois ce nombre à lui-même.

Multiplier un nombre par **4**, c'est ajouter quatre fois ce nombre à lui-même.

D'après cela, trouver les produits suivants et apprendre les résultats par cœur :

$$0 \times 3 = 0 + 0 + 0 = 0 \qquad 5 \times 3 = 5 + 5 + 5 =$$
$$1 \times 3 = 1 + 1 + 1 = 3 \qquad 6 \times 3 = 6 + 6 + 6 =$$
$$2 \times 3 = 2 + 2 + 2 = \qquad 7 \times 3 = 7 + 7 + 7 =$$
$$3 \times 3 = 3 + 3 + 3 = \qquad 8 \times 3 = 8 + 8 + 8 =$$
$$4 \times 3 = 4 + 4 + 4 = \qquad 9 \times 3 = 9 + 9 + 9 =$$

$$4 \text{ fois } 0 = 0 \times 4 = 0 + 0 + 0 + 0 = 0$$
$$4 \text{ fois } 1 = 1 \times 4 = 1 + 1 + 1 + 1 =$$
$$4 \text{ fois } 2 = 2 \times 4 = 2 + 2 + 2 + 2 =$$
$$4 \text{ fois } 3 = 3 \times 4 = 3 + 3 + 3 + 3 =$$
$$4 \text{ fois } 4 = 4 \times 4 = 4 + 4 + 4 + 4 =$$
$$4 \text{ fois } 5 = 5 \times 4 = 5 + 5 + 5 + 5 =$$
$$4 \text{ fois } 6 = 6 \times 4 = 6 + 6 + 6 + 6 =$$
$$4 \text{ fois } 7 = 7 \times 4 = 7 + 7 + 7 + 7 =$$
$$4 \text{ fois } 8 = 8 \times 4 = 8 + 8 + 8 + 8 =$$
$$4 \text{ fois } 9 = 9 \times 4 = 9 + 9 + 9 + 9 =$$

EXERCICES DE CALCUL MENTAL.

1. Combien coûtent 3 mètres d'un drap qui vaut 5 fr. le mètre ?

2. Combien coûtent 3 litres d'un vin qui vaut 4 fr. le litre ?

3. Un homme a dans son porte-monnaie 3 pièces de 2 fr. Combien a-t-il ?

4. Combien coûtent 4 grammes d'antipyrine à 6 sous le gramme ?

5. Un papetier donne 8 feuilles de papier pour un sou. Combien aura-t-on de feuilles de papier pour 4 sous ?

6. Pour faire un tour sur un manège de chevaux de bois on paie 3 sous. Un petit garçon fait 4 tours sur le manège. Combien a-t-il payé ?

38. — SOUS ET CENTIMES

5 centimes ou
1 sou ; pièce en cuivre.

10 centimes ou
2 sous ; pièce en cuivre.

50 centimes :
pièce en argent.

1 franc, en argent.

2 francs, en argent.

5 francs, en argent.

5 centimes font 1 sou.

Une pièce de **10** centimes vaut deux fois **5** centimes ou **2** sous.

Une pièce de **50** centimes vaut dix fois **5** centimes ou **10** sous.

Une pièce de **1** franc vaut deux fois **50** centimes ou **20** sous.

Une pièce de **2** francs vaut deux fois **20** sous ou **40** sous.

Une pièce de **5** francs vaut cinq fois **20** sous ou **100** sous.

39. — PRODUITS PAR 5 ET 6

Multiplier un nombre par **5**, c'est ajouter cinq fois ce nombre à lui-même.

Multiplier un nombre par **6**, c'est ajouter six fois ce nombre à lui-même.

Quand on a pris **4** fois un nombre pour l'avoir **5** fois, il n'y a qu'à le prendre une fois de plus.

Ainsi **4** fois **3** font **12**. Pour avoir **5** fois **3** il n'y a qu'à prendre **3** une fois de plus. C'est donc

$$12 + 3 = 15.$$

D'après cela, trouver les produits suivants et apprendre les résultats par cœur :

5 fois **0** = **0** × **5** = **0**	**6** fois **0** = **0** × **6** = **0**
5 fois **1** = **1** × **5** = **1**	**6** fois **1** = **1** × **6** = **6**
5 fois **2** = **2** × **5** =	**6** fois **2** = **2** × **6** =
5 fois **3** = **3** × **5** =	**6** fois **3** = **3** × **6** =
5 fois **4** = **4** × **5** =	**6** fois **4** = **4** × **6** =
5 fois **5** = **5** × **5** =	**6** fois **5** = **5** × **6** =
5 fois **6** = **6** × **5** =	**6** fois **6** = **6** × **6** =
5 fois **7** = **7** × **5** =	**6** fois **7** = **7** × **6** =
5 fois **8** = **8** × **5** =	**6** fois **8** = **8** × **6** =
5 fois **9** = **9** × **5** =	**6** fois **9** = **9** × **6** =

QUESTIONNAIRE :

1. Que valent 1, 2, 3, 4, 5, 6, 7, 8, 9, 10 sous? — centimes, 20 centimes, 50 centimes, 15 centimes, 40 centimes,

2. Que valent 5 centimes, 10 | 75 centimes, 85 centimes?

EXERCICES DE CALCUL MENTAL.

3. Combien coûtent 5 douzaines d'œufs à 9 sous la douzaine ?

4. Un jardinier arrose son jardin avec un arrosoir qui contient 6 litres d'eau. Il le remplit 6 fois pour arroser. Combien a-t-il versé de litres d'eau ?

5. Un ouvrier est payé 3 francs par jour. Il a travaillé 6 jours pendant la semaine. Combien a-t-il gagné dans la semaine ?

6. Une tortue, qui va lentement, marche et avance de 7 mètres à l'heure. De combien de mètres aura-t-elle avancé au bout de 5 heures de marche ?

40. — PRODUITS PAR 7

Multiplier un nombre par **7**, c'est ajouter sept fois ce nombre à lui-même,

Quand on a multiplié un nombre par **6**, on a **6** fois ce nombre, pour le multiplier par **7** on le prend une fois de plus.

Ainsi **6** fois **3** font **18**, donc **7** fois **3** font :

$$18 + 3 = 21.$$

D'après cela, trouver les produits suivants et apprendre les résultats par cœur :

7 fois **0** = **0** × **7** = **0**	7 fois **5** = **5** × **7** =
7 fois **1** = **1** × **7** = **7**	7 fois **6** = **6** × **7** =
7 fois **2** = **2** × **7** =	7 fois **7** = **7** × **7** =
7 fois **3** = **3** × **7** =	7 fois **8** = **8** × **7** =
7 fois **4** = **4** × **7** =	7 fois **9** = **9** × **7** =

EXERCICES DE CALCUL MENTAL.

1. Dans une ménagerie il y a 7 cages et dans chaque cage 3 animaux. Combien y a-t-il d'animaux dans la ménagerie ?

2. Dans une cave il y a 7 bidons de pétrole de 6 litres chacun. Combien de litres de pétrole y a-t-il dans la cave ?

3. Une pièce de 1 fr. pèse 5 grammes. Combien pèsent 7 pièces de 1 fr. ?

FRANCS, SOUS ET CENTIMES.

4. On a 2 billes pour un sou. Combien aura-t-on de billes pour 1 fr. ?

5. Un enfant avait 35 centimes ; il a acheté un cahier de 15 centimes. Combien lui reste-t-il de sous ?

6. Combien faut-il de pièces de 2 sous pour faire 1 fr., pour faire 2 fr. ?

7. Une pièce de 1 centime pèse 1 gramme. Combien pèsent : une pièce de 1 sou, une pièce de 2 sous ?

8. Une pièce de 1 fr., en argent, pèse 5 grammes. Combien pèsent : la pièce de 2 fr., la pièce de 5 fr. ?

9. Combien de sous valent : 1 fr. et 40 centimes ; 2 fr. et 30 centimes ; 3 fr. ; 4 fr. ; 3 fr. et 50 centimes ?

41. — PRODUITS PAR 8 ET 9

Multiplier un nombre par **8**, c'est ajouter huit fois ce nombre à lui-même.

Multiplier un nombre par **9**, c'est ajouter neuf fois ce nombre à lui-même.

Quand on a multiplié un nombre par **7**, pour le multiplier par **8**, on le prend une fois de plus.

Ainsi, **7** fois **3** font **21**, donc **8** fois **3** font :

$$21 + 3 = 24.$$

Et pour multiplier par **9**, on prend le nombre encore une fois de plus; donc **9** fois **3** font : **24 + 3 = 27**.

D'après cela, trouver les produits suivants et apprendre les résultats par cœur :

8 fois **0** = **0** × **8** = **0**	**9** fois **0** = **0** × **9** = **0**
8 fois **1** = **1** × **8** = **8**	**9** fois **1** = **1** × **9** = **9**
8 fois **2** = **2** × **8** =	**9** fois **2** = **2** × **9** =
8 fois **3** = **3** × **8** =	**9** fois **3** = **3** × **9** =
8 fois **4** = **4** × **8** =	**9** fois **4** = **4** × **9** =
8 fois **5** = **5** × **8** =	**9** fois **5** = **5** × **9** =
8 fois **6** = **6** × **8** =	**9** fois **6** = **6** × **9** =
8 fois **7** = **7** × **8** =	**9** fois **7** = **7** × **9** =
8 fois **8** = **8** × **8** =	**9** fois **8** = **8** × **9** =
8 fois **9** = **9** × **8** =	**9** fois **9** = **9** × **9** =

EXERCICES DE CALCUL MENTAL.

1. Combien coûtent 8 mètres de drap à 4 fr. le mètre ?

2. Un homme a 9 pièces de 5 fr. dans sa bourse. Combien d'argent a-t-il ?

3. Dans une semaine il y a 7 jours. Combien y a-t-il de jours dans 8 semaines ?

4. Dans une classe il y a 9 bancs et sur chaque banc il y a 9 élèves. Combien y a-t-il d'élèves dans la classe ?

5. Sur la façade d'une maison il y a 8 fenêtres; chaque fenêtre a 6 carreaux. Combien y a-t-il de carreaux en tout dans la façade ?

PROBLÈMES DE RÉCAPITULATION
A faire oralement de préférence.

ADDITION.

1. Un élève qui a été premier en composition a reçu 10 fr. de son père et 5 fr. de sa mère. Combien a-t-il reçu en tout ?

2. Un père a 28 ans à la naissance de son fils. Quel âge aura le père quand le fils aura 5 ans ?

3. Un enfant a 12 ans. Quel âge aura-t-il dans 20 ans ?

4. Quelle était la longueur d'une pièce de toile dont il reste encore 13 mètres quand on en a déjà vendu 40 ?

5. On a acheté pour 75 fr. de marchandises et on veut, en les revendant, réaliser un bénéfice de 8 fr. Combien doit-on les revendre ?

6. Une personne paie une dette de 87 fr.; après l'avoir payée, il lui reste 6 fr. Combien avait-elle ?

7. Un vase vide pèse 20 grammes; on le remplit avec 47 grammes d'eau. Quel est alors son poids ?

8. Dans une famille, le père gagne par semaine 34 fr., le fils 20 fr. et la mère 10 fr. Quelle est la somme gagnée par cette famille en une semaine ?

9. Dans une usine on emploie 50 hommes, 17 femmes et 8 enfants. Quel est le nombre de personnes qui travaillent dans cette usine ?

10. Un marchand a acheté trois pièces de drap : la première a 20 mètres de long, la deuxième 10 mètres et la troisième 17 mètres. Combien de mètres a-t-il achetés en tout ?

11. Une personne doit 15 fr. à l'épicier, 25 fr. au boulanger et 20 fr. au boucher. Combien doit-elle en tout ?

12. Un verger renferme 60 pommiers, 15 poiriers, 7 pruniers, 3 pêchers et 6 abricotiers. Combien y a-t-il d'arbres fruitiers dans ce verger ?

13. Un ouvrier a pu économiser 20 fr. pendant le premier trimestre, 30 fr. pendant le second, 19 fr. pendant le troisième et 8 fr. pendant le quatrième. Quelle somme a-t-il économisée au bout de l'année ?

14. Un marchand a reçu pour une vente 20 fr., pour une seconde vente 30 fr., et pour une troisième 13 fr. Quelle est sa recette totale ?

15. Trois ouvriers ont gagné : le premier 30 fr., le second 17 fr., et le troisième 9 fr. Quelle somme faudra-t-il pour les payer ?

16. Henri a 3 ans de plus que Louis; Louis a 4 ans de plus que Jules, qui a 7 ans de plus qu'Auguste; ce dernier a 25 ans. Quel est l'âge d'Henri ?

17. Après avoir tiré d'un tonneau 10 litres de vin, puis 40 litres, puis enfin 16 litres, il en reste encore 8 litres. Quelle est la contenance de ce tonneau ?

18. Un ouvrier dépense 18 fr. par semaine pour sa nourriture, 10 fr. pour ses menus frais, 9 fr. pour son logement, et il économise 6 fr. Que gagne-t-il par semaine ?

19. Trois fontaines remplissent un bassin en une heure ; la première débite 20 litres à l'heure, la seconde 40 litres, et la troisième 49 litres. Quelle est la contenance du bassin ?

SOUSTRACTION.

20. Un enfant aura 14 ans dans 8 ans. Quel est son âge actuel ?

21. Si j'avais 24 fr. de plus dans mon porte-monnaie j'aurais 29 fr. Combien ai-je ?

22. Une ménagère va au marché emportant une pièce de 20 fr. ; elle dépense 14 fr. Combien lui reste-t-il après ses achats ?

23. Quel nombre faut-il ajouter à 51 pour obtenir 59 ?

24. D'un bassin contenant 25 litres d'eau on en tire 19 litres. Combien reste-t-il de litres d'eau dans le bassin ?

25. Un objet qu'on avait acheté 25 fr. a pu être revendu 31 fr. Quel est le bénéfice réalisé sur la vente ?

26. En revendant un objet 13 fr. on a réalisé un bénéfice de 6 fr. Combien l'avait-on acheté ?

27. Un marchand, qui avait acheté du drap à raison de 45 fr. le mètre, n'a pu le revendre que 41 fr. Quelle perte a-t-il subie sur la vente d'un mètre de ce drap ?

28. Il y a 2 ans, un enfant avait 14 ans. Quel âge a-t-il maintenant, quel âge avait-il il y a 7 ans ?

29. Un élève a une leçon de 32 lignes à apprendre par cœur ; il en sait déjà 25. Combien lui en reste-t-il à savoir ?

30. Une personne avait acheté 12 vases, et dans l'envoi il s'en est cassé 3. Combien lui en reste-t-il ?

31. Une personne a une dette de 85 fr. et elle paie 77 fr. Que redoit-elle ?

32. De combien augmente-t-on le nombre 78 en le retournant ?

33. Un ouvrier doit terminer un travail en 15 jours et il ne lui reste plus que pour 6 jours d'ouvrage. Combien de jours a-t-il déjà consacrés à ce travail ?

34. Un joueur a perdu 35 fr. et il avait 43 fr. avant de jouer. Combien lui reste-t-il ?

35. Il y avait 18 chevaux dans une écurie ; on en a vendu 9. Combien en reste-t-il ?

36. Un enfant avait 45 billes ; il en a perdu 39. Combien lui en reste-t-il ?

37. Dans un seau de 22 litres de capacité, on a déjà versé 13 litres d'eau. Combien faut-il encore de litres pour le remplir complètement ?

38. Un escalier a 42 marches et on en a déjà monté 36. Combien de marches reste-t-il à monter ?

39. Les vacances doivent durer 60 jours et un élève en a déjà passé 52 à la campagne. Combien de jours doivent encore s'écouler avant la rentrée ?

MULTIPLICATION.

40. Un marchand donne 8 plumes pour un sou. Combien en donnera-t-il pour 5 sous?

41. Un ouvrier gagne 6 fr. par jour. Qu'a-t-il gagné en 8 jours?

42. Pour payer une dette de 40 fr. on a donné 8 pièces de 5 fr. Que reste-t-il?

43. Un appartement a 9 fenêtres, et chacune de ces fenêtres a 6 carreaux. Combien y a-t-il de carreaux dans l'appartement?

44. Un enfant a fait 8 tas de chacun 6 billes. Combien avait-il de billes?

45. Deux joueurs conviennent que le perdant doublera la mise du gagnant; le second a mis 9 fr. au jeu et gagne. Combien le premier joueur doit-il au second?

46. Un verger renferme 8 rangées de chacune 9 arbres fruitiers. Combien y a-t-il d'arbres dans ce verger?

47. Combien y a-t-il d'élèves dans une classe renfermant 8 tables de 7 élèves chacune?

48. Combien y a-t-il de jours dans 9 semaines?

49. On a acheté 7 mètres de drap à 6 fr. le mètre. Que doit-on?

50. Une pièce de 1 fr. en argent pèse 5 grammes. Que pèsent 9 pièces de 1 fr.?

51. Une maison a 4 étages, et à chaque étage il y a 9 fenêtres. Combien la maison a-t-elle de fenêtres?

52. Une ménagère gagne 6 sous par heure. Qu'a-t-elle gagné après une journée de 8 heures de travail?

53. Un marchand a gagné 7 fr. sur la vente d'une caisse d'oranges. Combien gagnera-t-il en vendant 7 caisses?

54. Un élève a reçu pour prix 6 volumes qui valent chacun 4 fr. Pour quelle somme a-t-il reçu de prix?

55. Combien 9 sous valent-ils de centimes?

56. Combien coûtent 4 douzaines de mouchoirs à 9 fr. la douzaine?

57. En partageant une certaine somme entre 7 personnes, chacune d'elles a eu 8 fr. Quelle est la somme partagée?

58. Un coureur fait 8 fois le tour d'une piste en une minute. Combien a-t-il fait de tours en 9 minutes?

59. Il faut 2 grammes de poudre pour faire une cartouche. Combien faut-il de poudre pour faire 9 cartouches?

60. Un père a 7 enfants. Il donne à chacun 6 sous. Combien a-t-il donné de sous?

61. Sur une place publique il y a 6 rangées de 8 arbres chacune. Combien y a-t-il d'arbres sur la place?

62. On a dix plumes pour un sou. Combien a-t-on de plumes pour 7 sous?

De CENT à MILLE

42. — LA DEUXIÈME CENTAINE

Dix dizaines font une centaine ou un cent.

Ajoutons des bâtons, un à un, à la centaine.

Aussitôt qu'il y en aura dix, nous les réunirons par paquets de dix. Lorsque nous aurons dix paquets de dix, nous en ferons encore une centaine.

Nous continuerons de même, jusqu'à ce que nous ayons fait dix centaines.

Une centaine et un	font	cent un.
Une centaine et deux	—	cent deux.
Une centaine et trois	—	cent trois.
Une centaine et quatre	—	cent quatre.
Une centaine et cinq	—	cent cinq.
Une centaine et six	—	cent six.
Une centaine et sept	—	cent sept.
Une centaine et huit	—	cent huit.
Une centaine et neuf	—	cent neuf.
Une centaine et dix	—	cent dix.
Une centaine et onze	—	cent onze.
Une centaine et douze	—	cent douze.
Une centaine et treize	—	cent treize.

Continuer jusqu'à....

Une centaine et vingt	—	cent vingt.
Une centaine et vingt et un	—	cent vingt et un.
Une centaine et vingt-deux	—	cent vingt-deux.

43. — LA DEUXIÈME CENTAINE (*Suite*)

Une centaine et vingt-trois   font **cent vingt-trois**.
Une centaine et vingt-quatre — **cent vingt-quatre**
Continuer jusqu'à....
Une centaine et trente   — **cent trente**.
Une centaine et trente et un   — **cent trente et un**.
Continuer jusqu'à....
Une centaine et quarante   — **cent quarante**.
Une centaine et quarante et un — **cent quarante et un**.

Continuer jusqu'à....
Une centaine et cinquante   — **cent cinquante**.
Continuer jusqu'à....
Une centaine et soixante   — **cent soixante**.
Continuer jusqu'à....
Une centaine et soixante-dix   — **cent soixante-dix**.
Une centaine et soixante et onze font **cent soixante et onze**.
Une centaine et soixante-douze font **cent soixante-douze**.
Une centaine et quatre-vingts font **cent quatre-vingts**.
Une centaine et quatre-vingt-dix font **cent quatre-vingt-dix**.
Une centaine et cent font **deux centaines**.

Deux centaines se nomment deux cents.

Combien font :

Cent et deux dizaines ; cent et dix et sept ; cent et deux dizaines et trois ; cent et dix et un ; cent et trois dizaines ; cent et quatre dizaines et cinq ; cent et dix et trois ; cent et six dizaines ; cent et sept dizaines ; cent et dix et quatre ; cent et sept dizaines et quatre ; cent et huit dizaines ; cent et neuf dizaines ; cent et dix et deux ; cent et sept dizaines et deux ; cent et neuf dizaines et deux ; cent et dix dizaines ?

Cent et cent font **deux cents.**

Ajoutons encore des unités aux deux centaines, jusqu'à ce que nous en ayons assez pour faire une troisième centaine.

Nous formerons les nombres suivants, comme nous avons formé les nombres entre cent et deux cents.

Deux centaines et un   font **deux cent un.**
Deux centaines et deux   — **deux cent deux.**
Deux centaines et trois   — **deux cent trois.**
Deux centaines et quatre   — **deux cent quatre.**
    Et ainsi de suite.
Deux centaines et dix   — **deux cent dix.**
Deux centaines et vingt   — **deux cent vingt.**
Deux centaines et trente   — **deux cent trente.**
Deux centaines et quarante   — **deux cent quarante.**
Deux centaines et cinquante font **deux cent cinquante.**
Deux centaines et soixante font **deux cent soixante.**
Deux centaines et soixante-dix font **deux cent soixante-dix.**
Deux centaine et quatre-vingts font **deux cent quatre-vingts.**
Deux centaines et quatre-ving-dix font **deux cent quatre-vingt-dix.**
Deux centaines et cent font **trois centaines.**

Trois centaines se nomment trois cents.

Combien font :
Cent et cent ; deux cents et treize ; deux cents et dix et sept ; deux cents et dix et deux ; deux cents et quarante-trois ; deux centaines et trois dizaines et cinq ; deux centaines et trois dizaines et deux ?

45. — LA QUATRIÈME CENTAINE

Deux cents et cent font **trois cents.**

Ajoutons encore des bâtons aux trois centaines jusqu'à ce que nous en ayons assez pour faire une nouvelle centaine.

Trois centaines et un — font trois cent un.
Trois centaines et deux — trois cent deux.

Continuer jusqu'à....

Trois centaines et dix — trois cent dix.
Trois centaines et onze — trois cent onze.

Continuer jusqu'à....

Trois centaines et vingt — trois cent vingt.
Trois centaines et trente — trois cent trente.
Trois centaines et quarante — trois cent quarante.
Trois centaines et cinquante font trois cent cinquante.
Trois centaines et soixante font trois cent soixante.
Trois centaines et soixante-dix font trois cent soixante-dix.
Trois centaines et quatre-vingts font trois cent quatre-vingts.
Trois centaines et quatre-vingt-dix font trois cent quatre-vingt-dix.
Trois centaines et cent font quatre centaines.

Quatre centaines se nomment quatre cents.

Combien font :
Trois centaines et sept dizaines; deux centaines et dix et deux; trois cents et neuf dizaines et deux; deux cents et huit dizaines et quatre; deux centaines et neuf dizaines et cinq; trois centaines et dix et quatre?

46. — LA CINQUIÈME CENTAINE

Trois cents et cent font
quatre cents.

Ajoutons, une à une, des unités aux quatre centaines jusqu'à ce qu'il y en ait assez pour faire une nouvelle centaine.

Quatre centaines et un font quatre cent un.
Quatre centaines et deux font quatre cent deux.

Et ainsi de suite.

Quatre centaines et quatre-vingt-dix-huit font quatre cent quatre-vingt-dix-huit.
Quatre centaines et quatre-vingt-dix-neuf font quatre cent quatre-vingt-dix-neuf.
Quatre centaines et cent font cinq centaines.

Cinq centaines se nomment
cinq cents.

LA SIXIÈME CENTAINE

Quatre cents et cent font
cinq cents.

Continuons à former les nombres de la même manière.
Ajoutons toujours des unités.

Cinq centaines et un font cinq cent un.

Et ainsi de suite jusqu'à....

Cinq centaines et cent font six centaines.

Six centaines se nomment
six cents.

47. — LA SEPTIÈME CENTAINE

Six centaines et un font six cent un.

Et ainsi de suite jusqu'à.....

Six centaines et cent font sept centaines.

Sept centaines se nomment sept cents.

LA HUITIÈME CENTAINE

Sept centaines et un font sept cent un.

Et ainsi de suite jusqu'à.....

Sept centaines et cent font huit centaines.

Huit centaines se nomment huit cents.

LA NEUVIÈME CENTAINE

Huit centaines et un font huit cent un.

Et ainsi de suite jusqu'à.....

Huit centaines et cent font neuf centaines.

Neuf centaines se nomment neuf cents.

LA DIXIÈME CENTAINE

Neuf centaines et un font neuf cent un.

Et ainsi de suite jusqu'à.....

Neuf centaines et cent font dix centaines.

Dix centaines se nomment mille.

Dix fois cent font mille.

48. — RÉSUMÉ

Un objet quelconque, un bâton, une plume, un cahier, se nomme une **unité.**

Il faut réunir **Dix unités** pour faire une **Dizaine.**

Il faut réunir **Dix dizaines** pour faire une **Centaine.**

Il faut réunir **Dix centaines** pour faire un **Mille.**

Donc, lorsqu'on voudra compter un grand nombre d'objets, on groupera les unités pour former des dizaines; puis les dizaines pour former des centaines; puis, enfin, les centaines pour former des mille.

Les nombres de *un* à *mille* forment ce qu'on appelle les nombres de la **première classe** ou **classe des unités.**

Cette classe des unités contient donc : *les unités simples, les dizaines d'unités et les centaines d'unités.*

QUESTIONNAIRE :

1. Combien font :

Six centaines dix et trois; sept centaines sept dizaines et sept; cinq cents six dizaines et un; huit centaines huit dizaines et trois; dix centaines; neuf centaines et neuf dizaines; sept centaines neuf dizaines et quatre; six centaines et trois; quatre centaines sept dizaines et deux?

2. Combien y a-t-il de centaines, dizaines et unités dans :

Trois cent soixante-quinze; sept cent quatre-vingt-trois; deux cent quatorze; cinq cent soixante-six; deux cent trois; neuf cent quatre-vingt-dix-neuf; huit cent onze; mille; sept cent cinquante-sept?

3. Qu'appelle-t-on première classe ou classe des unités?

49. — ÉCRITURE DES NOMBRES ENTRE CENT ET MILLE

Pour écrire en chiffres un nombre plus petit que mille :

On écrit d'abord le nombre de **centaines,**

ensuite le nombre de **dizaines,**

et enfin le nombre d'**unités** qui le composent.

En commençant par la droite :

Les Unités du premier ordre ou unités simples se placent au **premier rang.**

Les unités du deuxième ordre ou dizaines se placent au **deuxième rang.**

Les unités du troisième ordre ou centaines se placent au **troisième rang.**

Dans *deux cent vingt et un,* il y a **2** centaines **2** dizaines et **1** unité. Donc ce nombre s'écrit **221.**

	RANGS		
	3ᵉ Centaines.	2ᵉ Dizaines.	1ᵉʳ Unités.
Deux cent vingt et un	**2**	**2**	**1**
Trois cent quarante-deux	**3**	**4**	**2**
Cinq cent quatre-vingt-dix-sept . . .	**5**	**9**	**7**
Quatre cent neuf.	**4**	**0**	**9**
Cinq cents	**5**	**0**	**0**

Mille s'écrit **1000.**

QUESTIONNAIRE :

1. Comment écrit-on les nombres : Six cent deux; trois cent cinquante-quatre; deux cent soixante-dix; sept cent treize; six cent quatre-vingt-trois; neuf cent quatre-vingt-treize; quatre cent soixante-quinze; sept cent huit; cent quarante-sept; cent quatre-vingt-dix-neuf; huit cent cinquante?

50 — LECTURE DES NOMBRES DE TROIS CHIFFRES

Pour lire un nombre de trois chiffres :

On lit d'abord le premier chiffre à gauche qu'on fait suivre du mot **cent,**

puis le nombre formé par les deux chiffres suivants.

Ainsi **41** se lit *quarante et un ;*

donc **341** se lit *trois cent quarante et un.*

72 se lit *soixante-douze ;*

donc **872** se lit *huit cent soixante-douze.*

13 se lit *treize ;*

donc **113** se lit *cent treize.*

De même :

495 se lit *quatre cent quatre-vingt-quinze.*

203 se lit *deux cent trois.* — (Ici à cause du zéro, il n'y a pas de dizaines).

700 se lit *sept cents.*

QUESTIONNAIRE :

1. Comment se lisent les nombres :
752, 633, 721, 216, 135, 198, 207, 375, 104, 404, 629, 875, 901, 246, 777, 999, 1000.

2. Combien font : dix dizaines? vingt dizaines? cinquante dizaines? quatre-vingts dizaines? cent dizaines? douze dizaines? vingt-trois dizaines? cinquante-sept dizaines? soixante-dix dizaines? soixante-treize dizaines?

EXERCICES :

3. Un caissier a dans sa caisse 3 billets de cent francs, 4 pièces de dix francs et 7 pièces de 1 franc. Combien a-t-il dans sa caisse?

4. Dans un porte-monnaie il y a 1 billet de cent francs, 8 pièces d'or de dix francs et 2 pièces d'argent de un franc. Combien y a-t-il dans le porte-monnaie?

5. Un acheteur, pour payer ce qu'il doit, donne 2 billets de cent francs, 10 pièces d'or de dix francs, et 1 pièce de 5 francs. Combien a-t-il payé?

51. — SYSTÈME MÉTRIQUE

Le mot **déca** signifie **dix**;
Le mot **hecto** signifie **cent**;
Le mot **kilo** signifie **mille**.

Les *multiples* simples du *mètre* sont :

Le décamètre qui vaut *dix mètres*;
L'hectomètre qui vaut *cent mètres*;
Le kilomètre qui vaut *mille mètres*.

On compte les distances en hectomètres et kilomètres.

Le long des routes il y a des bornes (grosses pierres) pour indiquer les hectomètres et les kilomètres.

On désigne, en abrégé :

le mètre par *m*,
le décamètre par D*m*,
l'hectomètre par H*m*,
le kilomètre par K*m*.

Dix décamètres font dix fois dix mètres ou cent mètres ou **un hectomètre.**

Dix hectomètres font dix fois cent mètres ou mille mètres ou **un kilomètre.**

Cent décamètres font cent fois dix mètres ou mille mètres ou **un kilomètre.**

QUESTIONNAIRE :

1. Combien y a-t-il de mètres dans :

Un hectomètre? 4 *hectomètres?* 7^{Hm}? *un kilomètre?* 3 *décamètres?* 6 *décamètres?* 2^{Dm}? 2^{Dm} 3^{m}? 4^{Dm} 6^{m}? 3 ^{Hm} 7^{Dm}? 1^{Hm} 2^{Dm} 7^{m}? 8^{Hm} 9^{m}?

2. Combien y a-t-il de décamètres dans :

Un hectomètre? 6^{Hm}? *un kilomètre?* 7^{Km}?

3. Combien y a-t-il d'hectomètres dans :

Un kilomètre? 3^{Km}? 5^{Km}?

52 — SYSTÈME MÉTRIQUE (*Suite*)

Les *multiples* du *litre* sont :

Le **décalitre** qui vaut *dix* litres ;

L'**hectolitre**, qui vaut *cent* litres.

Le décalitre se nomme communément *boisseau*.

dix décalitres font dix fois dix litres ou cent litres ou **un hectolitre**.

Les *multiples* du *gramme* sont :

Le **décagramme** qui vaut *dix* grammes ;

L'**hectogramme** qui vaut *cent* grammes ;

Le **kilogramme** qui vaut *mille* grammes.

Dix décagrammes font dix fois dix ou cent grammes ou **un hectogramme** ;

Dix hectogrammes font dix fois cent ou mille grammes ou **un kilogramme** ;

Cent décagrammes font cent fois dix ou mille grammes ou **un kilogramme**.

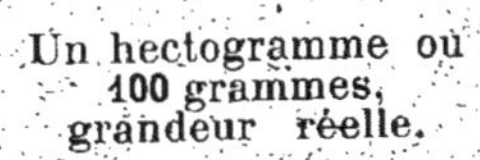

Un hectogramme ou 100 grammes, grandeur réelle.

On désigne, en abrégé :

le litre	par *l*,	le gramme	par *gr*,
le décalitre	par D*l*,	le décagramme	par D*gr*,
l'hectolitre	par H*l*,	l'hectogramme	par H*gr*,
		le kilogramme	par K*gr*.

QUESTIONNAIRE :

1. Combien y a-t-il de litres dans : *Un hectolitre?* 4ᴴˡ? 7ᴴˡ? 2ᴰˡ? 3ᴰˡ?

2. Combien y a-t-il de grammes dans : *Un kilogramme?* 2ᴴᵍʳ? 4ᴴᵍʳ? 8ᴴᵍʳ? 7ᴴᵍʳ? 5ᴰᵍʳ? 2ᵍʳ? 3ᴴᵍʳ? 8ᴰᵍʳ? 1ᴷᵍʳ? 9ᴴᵍʳ? 6ᴰᵍʳ? 1ᴴᵍʳ?

3. Combien y a-t-il de décagrammes dans : *Un hectogramme?* 4ᴴᵍʳ? 6ᴷᵍʳ 2ᴷᵍʳ? 3ᴴᵍʳ?

53. — ADDITION DES NOMBRES DE TROIS CHIFFRES SANS REPORTS

Pour additionner des nombres de trois chiffres ou moins de trois chiffres :

On les écrit les uns au-dessous des autres de façon que les unités soient sous les unités, les dizaines sous les dizaines, les centaines sous les centaines.

On tire un trait au-dessous.

On additionne séparément les unités, les dizaines et les centaines, et on écrit les résultats sous le trait.

EXEMPLE : *Soit à additionner* **423, 32** *et* **212**

On fait d'abord la somme des unités : **3** et **2** font **5**, **5** et **2** font **7**. On écrit **7** sous la colonne des unités.

J'écris :

Centaines.	Dizaines.	Unités.
4	**2**	**3**
	3	**2**
2	**1**	**2**
6	**6**	**7**

On fait ensuite la somme des dizaines : **2** et **3** font **5**, **5** et **1** font **6**. On écrit **6** sous la colonne des dizaines.

Enfin, on fait la somme des centaines : **4** et **2** font **6**. On écrit **6** sous la colonne des centaines.

On dit donc, en commençant par la droite : *3 et 2 font 5, 5 et 2 font 7, je pose 7 ; 2 et 3 font 5, 5 et 1 font 6, je pose 6 ; 4 et 2 font 6, je pose 6.*

ADDITIONS A FAIRE PAR ÉCRIT.

207		398	212	25
20	437	200	111	201
431	250	1	25	30
			410	122

54. — ADDITION DES NOMBRES DE TROIS CHIFFRES AVEC REPORTS

Lorsqu'en additionnant les chiffres d'une colonne la somme a plus d'un chiffre, on écrit seulement au bas le chiffre des unités de la somme et on ajoute le chiffre des dizaines aux chiffres de la colonne suivante.

EXEMPLE. — *Soit à additionner* **217, 346** *et* **159**.
— Nous disposons l'opération comme d'ordinaire.

Pour faire comprendre :

On fait d'abord la somme des unités. Cette somme est 22, c'est-à-dire **2** unités et **2** dizaines. On écrit seulement les **2** unités et on *reporte* les **2** dizaines sur la colonne des dizaines.

Reports : 1 2

2	**1**	**7**
3	**4**	**6**
1	**5**	**9**
7	**2**	**22**

On fait ensuite la somme des dizaines, y compris le report, cette somme est **12**. Il y a donc **12** dizaines, c'est-à-dire **2** dizaines et **1** centaine. On écrit les **2** dizaines et on *reporte* la centaine sur la colonne des centaines.
Enfin on additionne les centaines.

L'addition telle qu'on doit la faire.

retenues. 1 2

217
346
159
722

On dit, en commençant par la colonne de droite : **7** *et* **6** *font* **13**, **13** *et* **9** *font* **22**, *je pose* **2** *et je retiens* **2**; ensuite on passe à la colonne suivante : **2** *de retenue et* **1** *font* **3**, **3** *et* **4** *font* **7**, **7** *et* **5** *font* **12**, *je pose* **2** *et je retiens* **1**; enfin on passe à la dernière colonne et on dit : **1** *de retenue et* **2** *font* **3**, **3** *et* **3** *font* **6**, **6** *et* **1** *font* **7**, *je pose* **7**.

55. — ADDITION DES NOMBRES DE TROIS CHIFFRES AVEC REPORTS (*Fin*)

AUTRE EXEMPLE : *Soit à faire la somme*

$$431 + 26 + 293 + 150.$$

retenues . . 2 1

431		431
26	Quand on	26
293	est bien exercé	293
150	on n'écrit	150
	plus les retenues :	
900		**900**

ADDITIONS A FAIRE PAR ÉCRIT :

25	115	294	410	48
37	13	201	43	53
49	201	58	2	615
52	46	46	310	107
63	57	173	89	34

$36 + 43 + 57 + 28 + 91 + 2 + 16$; $403 + 201 + 16 + 7 + 26$;
$310 + 114 + 29 + 73 + 8$; $94 + 204 + 78 + 213 + 18$.

PROBLÈMES :

1. Un élève a trois livres : le premier livre a 204 pages, le second 312 pages, et le troisième 163 pages. Combien y a-t-il en tout de pages dans les trois livres ?

2. Un marchand a dans sa cave quatre tonneaux de vin ; le premier contient 120 litres, le second 215 litres, le troisième 141 litres, et le dernier 232 litres. Combien y a-t-il en tout de litres de vin dans la cave ?

3. Une dame a acheté dans un magasin : une robe de 150 fr., un chapeau de 37 fr., un manteau de 210 fr., et une paire de gants de 2 fr. Combien a-t-elle dépensé ?

4. Une caisse pèse $1^{Hgr}, 2^{Dgr}, 5^{gr}$; on y met un objet qui pèse $5^{Hgr}, 6^{Dgr}, 2^{gr}$. Combien pèse le tout ?

5. Janvier a 31 jours, février 28, mars 31, avril 30, mai 31, juin 30, juillet 31, août 31, septembre 30, octobre 31, novembre 30, et décembre 31. On demande le nombre de jours de l'année.

6. Un marchand veut connaître quelle est sa recette de la semaine. Lundi, il a vendu pour 27 fr. ; mardi, pour 31 fr. ; mercredi, pour 19 fr. ; jeudi, pour 125 fr. ; vendredi, pour 215 fr. ; et samedi, pour 38 fr.

7. Un marchand vend trois fûts de vin : le premier contient $2^{Hl}, 3^{Dl}, 6^{l}$, le second $1^{Hl}, 6^{Dl}, 7^{l}$, le troisième $2^{Hl}, 8^{l}$. Combien de litres de vin a-t-il vendu ?

56. — SOUSTRACTION DE NOMBRES DE TROIS CHIFFRES SANS RETENUES

Pour retrancher un nombre de plusieurs chiffres d'un autre nombre de plusieurs chiffres :

On écrit le plus petit au-dessous du plus grand de façon que les unités soient sous les unités, les dizaines sous les dizaines, les centaines sous les centaines. On tire un trait.

On retranche les unités des unités et on écrit le résultat au-dessous.

On retranche les dizaines des dizaines et on écrit le résultat au-dessous.

On retranche les centaines des centaines et on écrit le résultat au-dessous.

PREMIER EXEMPLE. — *Soit à retrancher* **235** *de* **469**.

On écrit :

469	et on dit, en commençant par la droite :
235	5 *de* 9 *il reste* **4**, *je pose* **4**; 3 *de* 6 *il reste*
234	**3**, *je pose* **3**; 2 *de* 4 *il reste* **2**, *je pose* **2**.

DEUXIÈME EXEMPLE. — *Soit à retrancher* **55** *de* **258**.

258	On dit, en commençant par la droite :
55	5 *de* 8 *il reste* **3**, *je pose* **3**; 5 *de* 5 *il reste*
203	**0**, *je pose* **0**; *j'abaisse* **2**.

Ici, il n'y a pas de centaines au plus petit nombre. C'est donc comme s'il y avait *zéro* centaine au plus petit nombre.

57. — SOUSTRACTION DES NOMBRES DE TROIS CHIFFRES SANS RETENUES (*Fin*)

TROISIÈME EXEMPLE. — *Soit à retrancher* **312** *de* **384**.

On écrit :

384
312
―――
72

et on dit, en commençant par la droite : 2 de 4 il reste **2**, *je pose* **2** ; 1 de 8 il reste **7**, *je pose* **7** ; 3 de 3 il reste *zéro*. Je ne pose *rien*, car il n'y a pas de centaines dans la différence.

VÉRIFICATIONS. — Comme vérification, si on ajoute le plus petit nombre à la différence, on doit retrouver le plus grand. — Ainsi il faut vérifier que l'on a :

$$235 + 234 = 469,$$
$$203 + 55 = 258,$$
$$312 + 72 = 384.$$

SOUSTRACTIONS A FAIRE PAR ÉCRIT.

46 — 23 ; 98 — 72 ; 73 — 51.

499	217	872	356	229	316	479
125	115	460	24	26	304	428

746 — 703 ; 954 — 431 ; 648 — 37 ; 748 — 42 ; 999 — 798 ; 863 — 732 ; 158 — 36 ; 246 — 241.

PROBLÈMES :

1. Un enfant avait 57 billes ; il en perd 34. Combien lui en reste-t-il ?

2. Une bouteille pleine d'eau pèse 356 grammes ; vide, elle pèse 123 grammes. Combien pesait l'eau ?

3. Un caisse pleine pèse 75 kilogrammes, vide elle ne pèse plus que 14 kilogrammes. Combien pesait ce qu'il y avait dans la caisse ?

4. Dans un tonneau il y a 2^{Hl},8^{Dl}, 7^{l} de vin. On en tire 153 litres. Combien de litres reste-t-il dans le tonneau ?

5. Un automobiliste doit faire 250 kilomètres dans sa journée. Il fait 130 kilomètres le matin. Combien lui reste-t-il à faire le soir ?

6. Dans une pelote de ficelle il y a 545 mètres de ficelle. On en coupe 320 mètres. Combien en reste-t-il sur la pelote ?

7. Un marchand a une motte de beurre qui pèse 4^{Kgr},9^{Hgr}. Il en vend 2^{Kgr},7^{Hgr}. Combien d'hectogrammes de beurre lui reste-t-il ?

58. — CALCUL MENTAL
DANS LA SOUSTRACTION

Pour retrancher un nombre d'un chiffre d'un autre nombre, on retranche ce chiffre de celui des unités, si c'est possible.

Ainsi : **3** de **5** reste **2**, donc **3** de **45** reste **42** ;
4 de **7** reste **3**, donc **4** de **257** reste **253** ;
5 de **5** reste **0**, donc **5** de **365** reste **360**.

Si le chiffre à retrancher est plus grand que le chiffre des unités du grand nombre, on emprunte une dizaine pour pouvoir faire la soustraction.

Pour retrancher **8** de **65** on dit : **65** c'est **50** et **15**, **8** de **15** reste **7**, donc **8** de **65** reste **50** et **7** ou **57**.

De même, soit à retrancher **6** de **273**. — On dit : **273** c'est **260** et **13**, **6** de **13** reste **7**, **6** de **273** reste **260** et **7**, ou **267**.

EXERCICES DE CALCUL MENTAL.

1. Faire les soustractions suivantes :

48 — 5 ; 52 — 1 ; 44 — 4 ; 36 — 3 ; 57 — 2 ; 21 — 1 ;
16 — 3 ; 17 — 4 ; 86 — 5 ; 92 — 6 ; 71 — 5 ; 63 — 7 ;
75 — 7 ; 22 — 8 ; 46 — 9 ; 40 — 7 ; 32 — 3 ; 426 — 5 ;
523 — 2 ; 234 — 4 ; 126 — 5 ; 227 — 7 ; 233 — 8 ; 274 — 7 ;
846 — 9 ; 750 — 4 ; 622 — 3 ; 210 — 2 ; 110 — 1 ; 715 — 7.

2. Sur un arbre il y a 47 pommes ; on en cueille 5. Combien en reste-t-il ?

3. Dans une cave il y a 238 bouteilles ; on en enlève 6. Combien en reste-t-il ?

4. Un voyageur a 25 kilomètres à faire dans un jour ; il fait 8 kilomètres le matin. Combien lui reste-t-il de kilomètres à faire le soir ?

5. Une personne va dans un magasin avec 261 fr. dans son porte-monnaie. Elle en sort n'ayant plus que 7 fr. Combien a-t-elle dépensé ?

6. Une personne part en voyage avec 75 fr. Elle voyage pendant 7 jours et dépense chaque jour 8 fr. Combien lui reste-t-il au bout du premier jour de voyage, au bout du second jour, et ainsi de suite, au bout du septième jour ?

59. — SOUSTRACTION DES NOMBRES DE DEUX ET TROIS CHIFFRES AVEC RETENUES

Pour retrancher un nombre d'un autre :

On écrit le plus petit au-dessous du plus grand, de façon que les unités soient sous les unités, les dizaines sous les dizaines, les centaines sous les centaines.

On retranche les unités des unités, les dizaines des dizaines, les centaines des centaines.

Mais si l'une de ces soustractions n'est pas possible, on ajoute une dizaine au chiffre du plus grand nombre pour que la soustraction devienne possible.

On dit : je retiens **1** et on ajoute **1** au chiffre suivant du plus petit nombre avant de le retrancher.

PREMIER EXEMPLE. — *Soit à retrancher* **280** *de* **345**, et on dit, en commençant par la droite :

On écrit :

$$\begin{array}{r} 545 \\ 286 \\ \hline 259 \end{array}$$

6 *ne peut pas être retranché de* **5**, *j'ajoute une dizaine à* **5**, **6** *de* **15** *reste* **9**, *je pose* **9**, *et je retiens* **1**;

1 *de retenue et* **8** *font* **9**, **9** *ne peut pas être retranché de* **4**, *j'ajoute une dizaine à* **4**, **9** *de* **14** *reste* **5**, *je pose* **5** *et je retiens* **1**;

1 *de retenue et* **2** *font* **3**, **3** *de* **5** *reste* **2**, *je pose* **2**.

60. — SOUSTRACTION DES NOMBRES DE DEUX ET TROIS CHIFFRES AVEC RETENUES (*Suite*)

DEUXIÈME EXEMPLE. — *Soit à retrancher* **378** *de* **473**.

On écrit :

$$\begin{array}{r} 473 \\ 378 \\ \hline 95 \end{array}$$

et on dit, en commençant par la droite : **8** *de* **3** *n'est pas possible,* **8** *de* **13** *reste* **5**, *je pose* **5** *et je retiens* **1** ; **1** *de retenue et* **7** *font* **8** ; **8** *de* **7** *n'est pas possible,* **8** *de* **17** *reste* **9**, *je pose* **9** *et je retiens* **1** ; **1** *de retenue et* **3** *font* **4**, **4** *de* **4** *il ne reste rien.*

SOUSTRACTIONS A FAIRE PAR ÉCRIT :

$$\begin{array}{cccccc} 73 & 48 & 123 & 246 & 357 & 216 \\ 57 & 39 & 46 & 29 & 148 & 144 \\ \hline \end{array}$$

$$\begin{array}{cccccc} 879 & 300 & 610 & 760 & 704 & 346 \\ 290 & 199 & 212 & 689 & 385 & 109 \\ \hline \end{array}$$

95 — 87 ; 26 — 17 ; 146 — 119 206 — 180 ; 873 — 779 ; 646 — 466 ; 321 — 123.

PROBLÈMES.

1. Une personne doit 532 francs ; elle paie 249 fr. Combien doit-elle encore ?

2. Un marchand achète un objet 245 fr. ; il le revend 300 fr. Combien a-t-il gagné ?

3. Dans un peloton de ficelle de 500 mètres on coupe 238 mètres. Combien en reste-t-il ?

4. La distance de Paris à Bordeaux par voie ferrée est de 582 kilomètres ; celle de Paris à Angoulême de 449 kilomètres. Quelle est la distance d'Angoulême à Bordeaux ?

5. Un cabaretier a dans sa cave un fût de bière de 125 litres. Il vend le premier jour 57 litres, le second jour 49 litres. Combien lui reste-il de litres de bière au bout du premier jour et au bout du second jour ?

6. Dans une cave il y a un tonneau de vin qui contient 132 litres. Ce tonneau fuit et il perd tous les jours 6 litres. Combien de litres reste-t-il dans le tonneau au bout du premier jour, au bout du second jour, et ainsi de suite, continuer jusqu'à ce qu'il n'y ait plus rien dans le tonneau. On saura ainsi au bout de combien de jours le tonneau sera vide.

61. — MULTIPLICATION D'UN NOMBRE DE PLUSIEURS CHIFFRES PAR UN NOMBRE D'UN SEUL CHIFFRE

PREMIER EXEMPLE. — *Dans un panier il y a* **52** *prunes. Combien y a-t-il de prunes dans* **3** *paniers semblables ?*

Il y a **3** *fois* **52** prunes dans les **3** paniers ensemble. Il faudrait donc faire l'addition.

$$\left.\begin{array}{r}52\\52\\52\\\hline 156\end{array}\right\} 3\ fois$$

Dans la première colonne il y a **3** fois le chiffre des unités, dans la seconde colonne il y a **3** fois le chiffre des dizaines. Le résultat **156** s'obtient en multipliant par **3** successivement le chiffre des unités qui est **2** et le chiffre des dizaines qui est **3**.

Pour multiplier un nombre quelconque par un seul chiffre, on multiplie successivement, en commençant par la droite, tous ses chiffres.

D'après cela, pour multiplier **52** par **3** ;

$$\begin{array}{r}52\\3\\\hline 156\end{array}$$

On écrit : et on dit : **3** *fois* **2** *font* **6**, *je pose* **6**; **3** *fois* **5** *font* **15**, *je pose* **15**.

MULTIPLICATIONS A FAIRE PAR ÉCRIT

23	432	232	71	82	61	81
3	2	3	6	4	9	5

PROBLÈMES

1. Combien coûtent 3 mètres de drap à 13 francs le mètre ?

2. Une vache fournit 6 litres de lait par jour. Combien a-t-elle fourni de lait pendant le mois de mars qui a 31 jours ?

62. — MULTIPLICATION PAR UN SEUL CHIFFRE (*Fin*)

DEUXIÈME EXEMPLE. — *Soit à multiplier* **237** *par* **4.**
Il faut ajouter **237** quatre fois à lui-même.

$$\begin{array}{r} 237 \\ 237 \\ 237 \\ 237 \\ \hline 948 \end{array} \quad \text{4 fois}$$

Ici dans la première colonne il y a **4** fois **7**, mais comme la somme est **28**, on pose seulement **8** et on retient **2** qu'on ajoute à la seconde colonne. La seconde colonne contient **4** fois **3**, ce qui fait **12** plus les **2** de retenue ce qui fait **14**.

On pose **4** et *on retient* **1** qu'on doit ajouter à la dernière colonne. Cette dernière colonne contient **4** fois **2** ce qui fait **8**, plus **1** de retenue. Soit **9** que l'on pose.

Lorsqu'en multipliant un chiffre du multiplicande par le multiplicateur, le produit a deux chiffres, on ne pose que le chiffre des unités, et on retient les dizaines qu'on ajoute au produit suivant.

$$\begin{array}{r} 237 \\ 4 \\ \hline 948 \end{array}$$

On dit : **4** *fois* **7** *font* **28,** *je pose* **8** *et je retiens* **2** ; **4** *fois* **3** *font* **12** *et* **2** *de retenue font* **14,** *je pose* **4** *et je retiens* **1** ; **4** *fois* **2** *font* **8** *et* **1** *de retenue font* **9,** *je pose* **9.**

MULTIPLICATIONS A FAIRE PAR ÉCRIT.

$$\begin{array}{ccccccc} 148 & 27 & 104 & 65 & 34 & 129 & 138 \\ \underline{8} & \underline{8} & \underline{9} & \underline{8} & \underline{7} & \underline{7} & \underline{6} \end{array}$$

45 × 6 ; 127 × 5 ; 238 × 3 ; 250 × 4 ; 112 × 9 ; 99 × 9 ;
89 × 8 ; 459 × 2 ; 56 × 7 ; 49 × 8.

PROBLÈMES

1. Combien coûtent 8 mètres de drap à 23 fr. le mètre ?

2. Il y a 7 jours dans une semaine. Combien y a-t-il de jours dans 52 semaines ?

3. Dans une cave il y a 3 tonneaux de vin de 225 litres chacun. Combien y a-t-il de litres de vin dans la cave ?

63. — MULTIPLICATION PAR UN NOMBRE DE DEUX CHIFFRES

Pour multiplier un nombre quelconque par un nombre de deux chiffres, on écrit le multiplicateur **au-dessous** du multiplicande. On tire un trait.

On multiplie d'abord le multiplicande par le **premier chiffre à droite** du multiplicateur, et on écrit le résultat au-dessous du trait, de façon que le chiffre des unités soit exactement **au-dessous** du chiffre employé.

On multiplie ensuite le multiplicande par le **second chiffre** du multiplicateur et on écrit le nouveau produit au-dessous du premier et de façon que le chiffre de ses unités soit exactement **au-dessous** du chiffre employé.

On tire un nouveau trait et on additionne les deux produits obtenus.

On a ainsi le produit cherché.

EXEMPLE. — *Soit à multiplier* **35** *par* **24**.

Le multiplicande est **35**, le multiplicateur est **24**.

J'écris :

$$\begin{array}{r} 35 \\ 24 \\ \hline 140 \\ 70 \\ \hline 840 \end{array}$$

Je multiplie d'abord **35** par **4**. Le produit est **140** et je l'écris de façon que le chiffre **0** des unités soit au-dessous du **4**. Je multiplie ensuite **35** par **2**. Le nouveau résultat est **70**. Je l'écris au-dessous du précédent et de façon que le chiffre des unités **0** soit au-dessous du **2**. J'additionne et je trouve **840**. Donc : $35 \times 24 = 840$.

64. — MULTIPLICATION PAR UN NOMBRE DE DEUX CHIFFRES (*Fin*)

AUTRES EXEMPLES. — *Soit à multiplier* **47** *par* **12**, *et* **29** *par* **27**.

Multiplicande. . . .	**47**	*Multiplicande*. . . .	**29**
Multiplicateur. . . .	**12**	*Multiplicateur*. . . .	**27**
Produit de **47** *par* **2**.	**94**	*Produit de* **29** *par* **7**.	**203**
Produit de **47** *par* **1**.	**47**	*Produit de* **29** *par* **2**.	**58**
Produit.	**564**	*Produit*.	**783**

Un produit ne change pas quand on intervertit les deux facteurs.

Faisons à nouveau les trois multiplications précédentes en prenant le multiplicateur pour multiplicande :

24	**12**	**27**
35	**47**	**29**
120	**84**	**243**
72	**48**	**54**
840	**564**	**783**

Les produits sont bien les mêmes.

MULTIPLICATIONS A FAIRE PAR ÉCRIT

58	72	25	64	29	19
13	13	25	15	18	17

18×18; 69×12; 23×21; 32×27; 31×31; 16×16; 52×17; 48×19; 43×21; 35×27.

PROBLÈMES

1. Une personne dépense 15 francs de pétrole par mois pour s'éclairer. Dans l'année il y a 12 mois. Combien de pétrole dépense-t-elle par an ?

2. La quinine vaut 56 fr. le kilogramme. Que valent 16 kilogrammes de quinine ?

3. Un train fait 37 kilomètres à l'heure. Quelle distance aura-t-il parcourue en un jour de 24 heures ?

4. Combien y a-t-il d'œufs dans 12 douzaines d'œufs ?

65. — PRODUIT PAR UN NOMBRE TERMINÉ PAR UN ZÉRO

Pour multiplier un nombre par **10**, on ajoute un zéro à la droite.

Ainsi $35 \times 10 = 350$.

Pour multiplier un nombre par un nombre de deux chiffres dont le second chiffre est un zéro, on multiplie par le premier chiffre du multiplicateur et on ajoute un zéro à la droite du produit.

EXEMPLE. — Soit à multiplier **24** par **30**. Je multiplie **24** par **3** et j'ajoute un zéro à droite.

$$\begin{array}{r} \mathbf{24} \\ \mathbf{30} \\ \hline \mathbf{720} \end{array}$$

24 multiplié par **3** donne **72** et je place un zéro à la droite de **72**.

Le produit cherché est **720**.

MULTIPLICATIONS A FAIRE PAR ÉCRIT

17×30; 13×40; 16×50; 32×20; 48×20;
18×30; 22×30; 19×40; 20×20.

PROBLÈMES

1. Combien coûtent 30 mètres de drap à 12 fr. le mètre ?

2. Dans un cahier il y a 32 feuilles. Combien y a-t-il de feuilles dans 20 cahiers ?

3. Un jardinier arrose son jardin avec un arrosoir qui contient 18 litres d'eau. Il vide 40 fois son arrosoir. Combien de litres d'eau a-t-il versé ?

EXERCICES DE CALCUL MENTAL

4. Multiplier : 25, 27, 36, 42, 15, 71, 82, 97, 13, 48, 61, par 10.

5. Dans une heure il y a 60 minutes. Combien y a-t-il de minutes dans 10 heures ?

6. Dans un jour il y a 24 heures. Combien y a-t-il d'heures dans 10 jours ?

7. Un tonneau contient 100 litres. Combien y a-t-il de litres dans 10 tonneaux semblables ?

8. Un mètre de drap coûte 15 fr. Combien coûtent 10 mètres de ce drap ?

66. — DIVISION

On nomme **quotient** de deux nombres, le nombre qui indique combien de fois le second est contenu dans le premier.

Pour connaître le quotient de deux nombres on fait une division.

*PROBLÈME I. — Dans une corbeille il y a **24** noix. Je mets ma main dans la corbeille et j'en retire **4** noix. Combien de fois puis-je répéter cette opération ?*

De **24** je retire **4** il reste **20**,
De **20** je retire **4** il reste **16**,
De **16** je retire **4** il reste **12**,
De **12** je retire **4** il reste **8**,
De **8** je retire **4** il reste **4**,
De **4** je retire **4** il reste **0**.

J'ai retiré **6 fois 4** noix, donc **24** contient **6 fois 4**.

La **division** est une opération qui a pour but de rechercher combien de fois un nombre appelé **diviseur** est contenu dans un autre nombre appelé **dividende**.

Le **dividende** est le nombre **qui contient**.

Le **diviseur** est le nombre qui est **contenu** dans le dividende.

Le **quotient** est le nombre qui indique **combien de fois** le diviseur est contenu dans le dividende.

Dans l'exemple précédent : *le dividende est **24**; le diviseur est **4**; le quotient est **6**.*

67. — DIVISION (*Suite*)

PROBLÈME II. — *Dans* **38** *combien y a-t-il de fois* **9** ?

De **38** je retire **9** il reste **29**,
De **29** je retire **9** il reste **20**,
De **20** je retire **9** il reste **11**,
De **11** je retire **9** il reste **2**,
2 ne contient plus **9**.

Le dividende est **38** ; *le diviseur est* **9** ; *le quotient est* **4** ; *le reste est* **2**.

Le reste est ce qui reste lorsqu'on a retranché du dividende autant de fois le diviseur qu'il est possible.

Le quotient indique le nombre de fois qu'on a pu retrancher le diviseur.

Lorsque le reste est **0**, on dit que la division se fait *exactement* ou *sans reste*.

Dans le premier exemple la division se fait sans reste : **24** contient *exactement* **4** fois **6**.

Dans le second exemple la division se fait avec un reste : **38** contient **4** fois **9** et il reste **2**.

Pour indiquer une division qui se fait *exactement* on se sert du signe **:** qui se lit *divisé par*.

Ainsi on a :

$$24 : 6 = 4,$$

ce qui se lit : **24** *divisé par* **6** *égale* **4**.

QUESTIONNAIRE

1. Qu'est-ce que c'est que diviser 32 par 4 ?

2. Comment nomme-t-on 32 ? Comment nomme-t-on 4 ?

3. Comment nomme-t-on le résultat de l'opération ?

4. Qu'est-ce que c'est que la division ?

5. Qu'appelle-t-on dividende ?

6. Qu'appelle-t-on diviseur ?

7. Qu'appelle-t-on reste ?

8. Quand dit-on que la division se fait exactement ?

68. — LE DIVISEUR ET LE QUOTIENT N'ONT QU'UN CHIFFRE

Lorsqu'en mettant un zéro à la droite du diviseur on obtient un nombre plus grand que le dividende, le quotient n'a qu'un chiffre.

Ainsi, si à la droite de **9** je mets un zéro, j'obtiens **90** qui est plus grand que **74**, donc **9** est contenu moins de **10** fois dans **74**, puisque **90** qui est **10** fois **9** est plus grand que **74**.

Lorsque le diviseur et le quotient n'ont chacun qu'un chiffre on cherche, en récitant la table de multiplication du diviseur, quel est le plus grand produit de ce diviseur qui est contenu dans le dividende.

EXEMPLE. — Pour savoir combien de fois **9** est contenu dans **74** je dis : **6** fois **9** font **54**, **7** fois **9** font **63**, **8** fois **9** font **72**, **9** fois **9** font **81**. Ainsi je vois que je dois m'arrêter à **8** fois **9**, car **72** est contenu dans **74** et le reste est **2**, tandis que $9 \times 9 = 81$ n'est pas contenu dans **74**. Le *quotient* de **74** par **9** est donc **8** et le reste **2**.

AUTRE EXEMPLE :

Soit à chercher le quotient de **48** par **8**. On trouve que **6** fois **8** font **48**. Donc **8** est contenu *exactement* **6** fois dans **48**. Le quotient est **6** et la division se fait *sans reste*, le reste est *zéro*.

EXERCICES DE CALCUL MENTAL

1. Combien de fois : 4 est-il contenu dans 23 ; 3 dans 27 ; 5 dans 49 ; 7 dans 33 ; 6 dans 18 ; 6 dans 53 ; 9 dans 48 ; 9 dans 54 ; 8 dans 60 ; 2 dans 13 ; 7 dans 58 ?

2. Donner les quotients et les restes des divisions de : 19 par 2 ; 36 par 5 ; 42 par 6 ; 28 par 9 ; 55 par 8 ; 32 par 4 ; 14 par 3 ; 75 par 8 ; 84 par 9 ; 63 par 9 ; 50 par 7.

69. — PROBLÈMES

Pᴿᴏʙʟᴇ̀ᴍᴇ I. — *Dans un tas de pommes il y a* **12** *pommes. On en fait* **3** *tas pareils. Combien y a-t-il de pommes dans chaque tas?*

Il faut partager les **12** pommes en **3** parts pareilles.

Il faut donc *diviser* **12** par **3**.
12 divisé par **3** donne **4**.
Réponse : Il y a **4** pommes dans chaque tas.

Pᴿᴏʙʟᴇ̀ᴍᴇ II. — *Une cuisinière achète* **3** *côtelettes et paye* **24** *sous. Combien a coûté chaque côtelette?*

Pour chacune des côtelettes la cuisinière donne le même nombre de sous. Il faut donc partager les **24** sous en **3** parts égales. Il faut donc diviser **24** par **3**. Or **24** divisé par **3** donne **8**.

Réponse : Chaque côtelette coûte **8** sous.

Pᴿᴏʙʟᴇ̀ᴍᴇ III. — *Dans une pièce de drap de* **20** *mètres on coupe des morceaux de* **6** *mètres. Combien pourra-t-on couper de morceaux pareils?*

On pourra couper autant de morceaux de **6** mètres qu'il y a de fois **6** mètres dans **20** mètres. Or, **6** est contenu **3** fois dans **20**, car **6** fois **3** font **18**; et il reste **20** — **18** = **2**.

Réponse : On pourra couper **3** morceaux de **6** mètres et il *restera* un petit morceau de **2** mètres.

PROBLÈMES

1. Dans une pièce de toile de 18 mètres, on taille des draps de 3 mètres de long chacun. Combien de draps pourra-t-on faire ?

2. Dans un baquet qui contient 60 litres d'eau, on puise avec un seau qui contient 7 litres. Combien de fois pourra-t-on remplir le seau complètement ? Combien d'eau restera-t-il dans le baquet ?

3. Un enfant a 12 sous. Combien pourra-t-il acheter de gâteaux à 3 sous pièce ?

70. — LE DIVISEUR N'A QU'UN CHIFFRE, LE QUOTIENT A PLUSIEURS CHIFFRES

PREMIER EXEMPLE. — *Soit à diviser* **843** *par* **5**. Je dis :

dividende : **843** | **5** diviseur
5 | **168** quotient
34
30
43
40
reste : . . . **3**

1° Dans **8** combien de fois **5** : **1** fois. J'écris **1** au quotient. **1** fois **5** fait **5**, **5** retranché de **8** reste **3**. J'écris **3**.

2° J'abaisse le chiffre suivant **4** que j'écris à côté du reste **3**. Dans **34** combien de fois **5** : **6** fois. J'écris **6** au quotient. **6** fois **5** font **30** : **30** retranché de **34** reste **4**. J'écris **4**.

3° J'abaisse le chiffre suivant **3** que j'écris à côté du reste **4**. Dans **43** combien de fois **5** : **8** fois. J'écris **8** au quotient. **8** fois **5** font **40**. **40** retranché de **43** reste **3**. J'écris **3**. Le *quotient* est **168**, le *reste* **3**.

Dans **843** il y a donc **168** fois **5** ; et il reste **3**.

DEUXIÈME EXEMPLE. — *Soit à diviser* **293** *par* **4**. Je dis :

dividende : **293** | **4** diviseur
28 | **73** quotient
13
12
reste : . . . **1**

1° **4** n'est pas contenu dans **2**. Je prends deux chiffres à gauche dans le dividende ; **4** dans **29** est contenu **7** fois. J'écris **7** au quotient. **7** fois **4** font **28**. **28** retranché de **29** reste **1**. J'écris **1**.

2° J'abaisse le chiffre suivant **3** que j'écris à côté du reste **1** ; **4** dans **13** est contenu **3** fois. J'écris **3** au quotient. **3** fois **4** font **12**. **12** retranché de **13** reste **1**.

J'écris **1**. Le *quotient* est **73**, le *reste* est **1**.

71. — LE DIVISEUR N'A QU'UN CHIFFRE. LE QUOTIENT A PLUSIEURS CHIFFRES *(Suite)*

Troisième exemple. — *Soit à diviser* **721** *par* **7**.

dividende : **721** | **7** diviseur
7 | **103** quotient
021
21
reste : . . . **0**

1° Dans **7** combien de fois **7** : **1** fois. **1** fois **7** fait **7**. J'écris **1** au quotient. **7** retranché de **7** reste **0**. J'écris **0** sous le **7**.

2° *J'abaisse* le chiffre suivant **2** à côté du zéro. Dans **2** combien de fois **7** : **0** fois. J'écris **0** au quotient. **0** fois **7** fait **0**. **0** retranché de **2** reste **2** ; *que je ne recopie pas.*

3° *J'abaisse* le chiffre suivant **1** à côté du **2**. Dans **21** combien de fois **7** : **3** fois. J'écris **3** au quotient. **3** fois **7** font **21**. **21** retranché de **21** reste **0**. J'écris **0**.

Le *quotient* est **103** et le *reste* **0**.

7 est contenu *exactement* **103** fois dans **721**.

EXERCICES A FAIRE PAR ÉCRIT :

1. Faire en suivant les modèles précédents, les divisions suivantes :

615 | 4   312 | 6   715 | 8   989 | 9

506 | 5   803 | 7   216 | 2

2. Faire les divisions suivantes :
146 par 2 ;   734 par 8 ;   96 par 3 ;   597 par 5 ;   903 par 9 ;
366 par 6 ;   800 par 7 ;   84 par 4 ;   427 par 8 ;   317 par 4 ;
62 par 2 ;   999 par 2.

PROBLÈMES

3. Une personne a acheté **8** mètres de drap et a payé **56** fr. Combien coûtait le mètre de ce drap ?

4. Un ouvrier a reçu **36** fr. de salaire pour **6** jours de travail. Combien est-il payé par jour ?

5. Un voyageur a **40** kilomètres à faire. Il marche à la vitesse de **5** kilomètres à l'heure. En combien d'heures fera-t-il le trajet ?

6. Une mère a **24** gâteaux qu'elle veut partager également entre ses **7** enfants. Combien pourra-t-elle donner de gâteaux à chaque enfant ? Restera-t-il des gâteaux et combien ?

72. — PROBLÈMES

PROBLÈME I. — *Une pièce de drap qui vaut* **8** *francs le mètre a coûté* **216** *francs. Combien y a-t-il de mètres de drap dans la pièce?*

Chaque mètre vaut **8** francs. Il y a donc autant de fois **1** mètre dans la pièce qu'il y a de fois **8** francs dans **216** francs.

Il faut donc *diviser* **216** par **8**. On trouve pour quotient **27** *sans reste*.

Il y a **27** fois **8** francs dans **216**. Il y a donc **27** fois **1**^{m} ou **27**^{m} dans la pièce de drap.

opération

$$\begin{array}{r|l} 216 & 8 \\ \underline{16} & \overline{27} \\ 56 & \\ 56 & \\ \hline 0 & \end{array}$$

Réponse : Il y a **27** mètres de drap dans la pièce.

PROBLÈME II. — *Dans un bassin il y a* **758** *litres d'eau. — On veut le vider en puisant l'eau avec un seau qui contient* **9** *litres. Combien de fois faudra-t-il puiser de l'eau ?*

Chaque fois qu'on plonge le seau dans le bassin et qu'on le remplit on retire **9** litres. On pourra remplir autant de fois le seau qu'il y a de fois **9**^{l} dans **758**^{l}.

Il faut donc *diviser* **758** par **9**. On trouve pour quotient **84** et il *reste* **2**.

opération

$$\begin{array}{r|l} 758 & 9 \\ \underline{72} & \overline{84} \\ 38 & \\ 36 & \\ \hline 2 & \end{array}$$

Réponse : On pourra puiser **84** seaux pleins. Il restera encore **2** litres.

PROBLÈMES

1. 7 litres de mercure pèsent 91^{kgr}. Combien pèse le litre de mercure ?

2. Une pièce de dentelle, valant 9 fr. le mètre, coûte 225 fr. Combien y a-t-il de mètres dans la pièce ?

3. Une pièce de soie de 8^m coûte 240 fr. Combien vaut le mètre ?

4. On veut ranger une compagnie de 253 hommes 6 par 6. Combien y aura-t-il de rangs de 6 hommes. Combien en reste-t-il ?

PROBLÈMES DE RÉCAPITULATION

ADDITION

63. Charlemagne naquit en 742 et mourut à l'âge de 72 ans. Quelle est l'année de sa mort ?

64. Combien un marchand a-t-il vendu une pièce de drap, sachant qu'il l'a achetée 528 fr. et qu'il gagne 75 fr. en la revendant ?

65. Un ouvrage est en trois volumes : le premier a 249 pages, le deuxième 158 et le troisième 350. Quel est le nombre total des pages de cet ouvrage ?

66. Trois personnes se partagent une certaine somme : la première reçoit 125 fr.; la deuxième 97 fr. et la troisième 137 fr. Quelle est la somme partagée ?

67. On veut mélanger dans un même tonneau le contenu de trois autres renfermant : le premier 132 litres, le deuxième 225 litres et le troisième 118 litres de vin. Quelle doit être la capacité du quatrième tonneau ?

68. On a payé pour la réparation d'une maison : 342 fr. de maçonnerie, 420 fr. de menuiserie, 175 fr. de peinture. Quelle a été la dépense totale ?

69. Une pépinière renferme 300 pommiers, 210 poiriers, 157 cerisiers et 82 abricotiers. Combien cette pépinière renferme-t-elle d'arbres ?

70. Une personne achète une pièce de vin pour 180 fr. et deux autres pièces au prix de 150 fr. chacune. Quelle somme doit payer cette personne ?

71. Une fermière transporte trois paniers d'œufs au marché : le premier renferme 200 œufs; le deuxième en renferme 50 de plus que le premier, et le troisième 100 de plus que le second. Quel est le nombre total des œufs des trois paniers ?

72. Un cultivateur a récolté 250 hectolitres de blé, 120 hectolitres d'avoine, 100 hectolitres de seigle et 75 hectolitres d'orge. Combien d'hectolitres a-t-il récoltés en tout ?

SOUSTRACTION

73. Un père a 57 ans et son fils 28; quel était l'âge du père à la naissance de son fils ?

74. Une école compte en tout 95 élèves; la première classe a 47 élèves. Combien y en a-t-il dans la seconde ?

75. Une personne qui devait une somme de 90 fr. a déjà donné 57 fr. Que redoit-elle ?

76. Une caisse pleine de marchandises pèse 185 kilogrammes; vide elle ne pèse plus que 37 kilogrammes. Quel est le poids des marchandises qu'elle contenait ?

77. Un courrier a à parcourir une distance de 135 kilomètres; il en a déjà fait 98. Combien lui reste-t-il à parcourir ?

78. La tour Eiffel a 300 mètres de haut et le Panthéon 79 mètres. De combien de mètres le premier monument dépasse-t-il le second ?

79. Il manque 243 fr. à une personne pour pouvoir payer une facture de 745 fr. Combien cette personne a-t-elle ?

80. D'un tonneau contenant 228 litres de vin, on a déjà tiré 187 litres. Combien reste-t-il de vin dans le tonneau ?

81. Dans un tonneau de 895 litres, on a déjà mis 549 litres de vin. Combien faut-il encore de litres pour le remplir ?

82. Deux tonneaux renferment, l'un 228 litres et l'autre 785 litres. Combien de litres le second contient-il de plus que le premier ?

83. Combien doit-on rendre à une personne qui paie une dette de 327 fr. avec un billet de 500 fr. ?

84. Un tonneau plein d'un certain liquide pèse 547 kilogrammes ; après l'avoir vidé, son poids n'est plus que de 29 kilogrammes. Quel est le poids du liquide ?

85. Quel nombre doit-on ajouter à 532 pour obtenir 754 ?

86. Deux caisses d'oranges en contiennent : la première, 476, et la seconde 504. Combien faut-il en mettre dans la première pour qu'elle en contienne autant que la seconde ?

87. Deux corbeilles renferment, l'une 398 pommes et l'autre 500. Combien faut-il en enlever de la seconde pour qu'elle en contienne autant que la première ?

MULTIPLICATION

88. Combien y a-t-il de douzaines de plumes dans 5 boîtes qui en contiennent chacune 12 douzaines ?

89. Chacune des 16 fenêtres d'une maison a 6 carreaux valant 2 fr. chacun. Quelle somme représente la valeur de ces carreaux ?

90. Une maison a 5 étages, et d'un étage à l'autre il y a 18 marches. Combien y a-t-il de marches à l'escalier ?

91. Que doit-on à un ouvrier qui a travaillé pendant 59 jours, à raison de 4 fr. par jour ?

92. Dans une classe il y a 18 tables de 5 places chacune. Combien cette classe peut-elle contenir d'élèves ?

93. Dans une caisse il y a 13 douzaines d'oranges ; combien y a-t-il d'oranges ?

94. On a rempli complètement un tonneau en y versant 12 seaux d'eau de chacun 15 litres. Quelle est la contenance de ce tonneau ?

95. Pendant 15 mois un enfant a coûté 35 fr. par mois de nourrice. Quelle somme a-t-on payée en tout ?

96. Une famille consomme 2 litres de lait par jour. Combien en consomme-t-elle : 1° en une semaine ; 2° en 52 semaines ?

97. Quelle somme doit-on payer pour l'achat de 35 mètres de drap à 17 fr. le mètre ?

98. Quel est le nombre de lignes contenues dans un ouvrage de 17 pages de chacune 45 lignes ?

99. Un cheval de course fait 22 décamètres à la minute. Quelle distance aura-t-il parcouru dans 10 minutes, dans 17 minutes ?

100. Quelle somme faut-il pour payer 25 ouvriers qui ont travaillé pendant 7 jours, à raison de 5 fr. par jour ?

101. Quelle somme doit-on payer pour l'achat de 500 bouteilles, à raison de 18 fr. le cent ?

102. Une prairie a produit 500 bottes de foin valant 15 fr. le cent. Quelle est la valeur de cette récolte ?

103. Dans un casier à bouteilles on peut mettre 28 bouteilles par rayon. Il y a 30 rayons. Combien peut-on mettre de bouteilles dans le casier ?

DIVISION

104. Un verger contient 45 arbres disposés en rangées de 9 arbres chacune. Combien y a-t-il de rangées d'arbres ?

105. On achète 7 mesures de coke pour 14 fr. Quel est le prix de la mesure ?

106. Il faut 7 mètres d'étoffe pour faire une robe. Combien peut-on faire de robes avec une pièce d'étoffe de 56 mètres ?

107. Une personne a donné 2 sous à chacun des pauvres qu'elle a rencontrés ; elle a ainsi donné 16 sous. Combien a-t-elle vu de pauvres ?

108. Combien peut-on avoir d'exemplaires d'un ouvrage coûtant 3 fr. pour la somme de 45 fr. ?

109. Un papetier donne 6 plumes pour un sou ; il en a vendu 144. Combien a-t-il reçu ?

110. Une pièce de drap a été vendue 504 fr. à raison de 9 fr. le mètre. Quelle est la longueur de cette pièce ?

111. Quelle est la valeur d'une somme d'argent pesant 625 grammes, sachant qu'un franc en argent pèse 5 grammes ?

112. Une famille consomme 3 litres de vin par jour. Au bout de combien de temps aura-t-elle vidé un tonneau de 228 litres de vin ?

113. Une gerbe de blé donne en moyenne 5 litres de grains. Combien de gerbes doit-on battre pour obtenir 545 litres de blé ?

114. Les roues d'une voiture ont 3 mètres de circonférence. Combien doivent-elles faire de tours pour parcourir une distance de 984 mètres ?

115. Une mère a une boîte qui contient 515 dragées. Elle veut les partager également entre ses 5 enfants. Combien pourra-t-elle donner de dragées à chaque enfant de façon que chacun en ait autant ? Combien en restera-t-il ?

116. Un enfant a 4 fr. dans sa poche. Il veut acheter des soldats qui coûtent 3 sous pièce. Combien pourra-t-il en acheter ? Combien de sous lui restera-t-il ?

117. 8 hectolitres de blé ont été vendus 184 fr. Combien un hectolitre de blé a-t-il été vendu ?

118. 9 ouvriers ont gagné ensemble 702 fr. Chacun d'eux a gagné la même somme. Combien chaque ouvrier a-t-il gagné ?

Au delà de MILLE

73. — MILLION

Dix fois cent font mille

Pour former les nombres après mille, on ajoute, une à une, des unités à mille.

Aussitôt qu'il y a dix unités ajoutées, on a une dizaine.

Aussitôt qu'on a formé dix dizaines, on a une centaine.

Aussitôt qu'on a formé dix centaines, on a un mille.

On continue ainsi jusqu'à ce qu'on ait formé mille mille.

Mille fois mille font un million.

QUESTIONNAIRE :

1. Combien y a-t-il d'unités dans une dizaine?

2. Que font dix dizaines?

3. Que font dix centaines?

4. Combien y a-t-il de centaines dans un mille?

5. Combien y a-t-il de dizaines dans un mille?

6. Que font mille mille?

7. Qu'est-ce que c'est qu'un million?

8. Combien y a-t-il de mille dans: *Deux mille; trois mille; dix mille; vingt mille; cent mille; trente-cinq mille; deux cent mille?*

9. Combien de mètres y a-t-il dans :

1 kilomètre; 5 kilomètres; 40 kilomètres; 300 kilomètres; 1 hectomètre; 10 hectomètres?

10. Combien y a-t-il de grammes dans :

1 kilogramme; 4 kilogrammes; 70 kilogrammes; 463 kilogrammes?

74. — LE SECOND MILLE

Un mille et un	font mille un.
— deux	— mille deux.
— trois	— mille trois.
— quatre	— mille quatre.
— cinq	— mille cinq.
— six	— mille six.
— sept	— mille sept.
— huit	— mille huit.
— neuf	— mille neuf.
— dix	— mille dix.
— onze	— mille onze.
— vingt	— mille vingt.
— cent	— mille cent.
— cent un	— mille cent un.
— cent cinquante-trois	font mille cent cinquante-trois.
— deux cents	font mille deux cents.
— trois cents	— mille trois cents.
— quatre cents	— mille quatre cents.
— neuf cents	— mille neuf cents.
— dix centaines	— deux mille

Avec ces dix centaines ont fait un second mille.

Mille et mille font deux mille.

QUESTIONNAIRE :

1 Que font :

Mille et vingt et trois ; mille et cent et cinq ; mille et deux cents et soixante et quatre ; dix centaines et deux cents ; dix centaines et trois cents et deux dizaines ; dix-sept centaines ; douze centaines ; quatorze centaines ; treize centaines et vingt-cinq ; dix-huit centaines et trois dizaines et sept ; cent dizaines ; cent vingt dizaines ; cent trente-trois dizaines ?

2. Combien y a-t-il de litres dans :

1 hectolitre ; 10 hectolitres ; 20 hectolitres ; 17 hectolitres ?

3. Combien y a-t-il de mètres dans :

10 hectomètres ; 12 hectomètres ; 20 hectomètres ?

75. — DE DEUX MILLE A UN MILLION

Après deux mille on dit :

Deux mille un, deux mille deux, deux mille trois, deux mille vingt,

et ainsi de suite jusqu'à :

Deux mille neuf cent quatre-vingt-dix-neuf.

Deux mille et mille font **trois mille.**

On compte les mille comme les unités :

Deux mille, trois mille, quatre mille, vingt mille, cinquante mille.

Cent mille, deux cent mille, trois cent vingt-cinq mille, six cent quarante-cinq mille, jusqu'à mille mille.

Mille mille font un million.
Un million c'est mille fois mille.

QUESTIONNAIRE :

1. Que font :
Mille et mille; trois mille et mille; trois mille et deux mille; dix mille et dix mille; vingt mille et dix mille; cent mille et cent mille; trois cent mille et cent mille; cinq cent mille et deux cent mille; cent mille et quarante mille; deux cent mille et vingt-cinq mille; 16 *mille et* 2 *mille;* 400 *mille et* 300 *mille;* 25 *mille et* 4 *mille;* 47 *mille et* 8 *mille;* 40 *mille et* 30 *mille;* 80 *mille et* 20 *mille?*

2. Que font :
Six mille et deux cents et sept; cent trois mille et quatre cent vingt-trois; cinq cent soixante-quinze mille et sept cent trente-quatre; sept cent quatre-vingt-deux mille et trois cents et soixante-sept?

3. Que font :
Dix centaines; vingt centaines; trente centaines; 70 *centaines;* 200 *centaines;* 210 *centaines;* 450 *centaines;* 32 *centaines* 4 *dizaines et* 5; 23 *centaines* 7 *dizaines et* 9; *cent dizaines; deux cents dizaines; six cents dizaines?*

4. Combien y a-t-il de grammes dans :

10 hectogrammes; 20 hectogrammes; 300 hectogrammes; 710 hectogrammes; 3 kilogrammes 2 hectogrammes 12 grammes; 15 kilogrammes 7 hectogrammes 4 décagrammes 3 grammes; 211 kilogrammes 6 hectogrammes?

76. — LES DIZAINES ET CENTAINES DE MILLE

Dix mille se nomment une dizaine de mille.

Deux dizaines de mille se nomment vingt mille.

Trois	—	—	—	trente mille.
Quatre	—	—	—	quarante mille.
Cinq	—	—	—	cinquante mille.
Six	—	—	—	soixante mille.
Sept	—	—	—	soixante-dix mille.
Huit	—	—	—	quatre-vingt mille.
Neuf	—	—	—	quatre-vingt-dix mille.
Dix	—	—	—	cent mille.

Dix dizaines de mille se nomment une centaine de mille.

Deux centaines de mille se nomment deux cent mille.

Trois	—	—	—	trois cent mille.
Quatre	—	—	—	quatre cent mille.
Cinq	—	—	—	cinq cent mille.
Six	—	—	—	six cent mille.
Sept	—	—	—	sept cent mille.
Huit	—	—	—	huit cent mille.
Neuf	—	—	—	neuf cent mille.

QUESTIONNAIRE :

1. Combien font : *Trois dizaines de mille; 5 dizaines de mille; dix dizaines de mille; 7 centaines de mille; dix centaines de mille?*

2. Combien y a-t-il de dizaines de mille dans : *Vingt mille; quarante mille; soixante-dix mille; quatre-vingt mille?*

3. Combien y a-t-il de centaines de mille, de dizaines de mille et de mille dans : *Deux cent soixante-cinq mille; six cent trente-quatre mille; deux cent cinq mille; sept cent soixante-quinze mille?*

4. Combien y a-t-il de kilogrammes dans : *Quatre mille grammes; vingt-trois mille grammes?*

5. Combien y a-t-il de kilomètres dans : *Six mille mètres; treize mille mètres; cent mille mètres?*

77. — LES MILLIONS ET MILLIARDS

Dix centaines de mille se nomment un million.

Mille fois mille font un million.

On compte les millions comme les unités.

Une dizaine de millions se nomme **dix millions**.

Une centaine de millions se nomme **cent millions**.

Dix dizaines de millions forment **cent millions**.

Mille millions se nomment **un billion** ou **milliard**.

Dix centaines de millions forment **un billion** ou **milliard**.

On compte les *milliards* comme les unités.

Une dizaine de milliards se nomme **dix milliards**.

Une centaine de milliards se nomme **cent milliards**.

Dix dizaines de milliards forment **cent milliards**.

QUESTIONNAIRE :

1. Qu'est-ce que c'est qu'*un million, un milliard ?*

2. Combien y a-t-il de centaines de millions dans *un* billion ; dans *dix* billions ?

3. Combien y a-t-il de dizaines de millions dans : cent millions ; un milliard ?

4. Combien y a-t-il de mètres dans :

Mille kilomètres ; *dix mille* kilomètres ; *cent mille* kilomètres ? *deux mille* kilomètres ; *six mille cinq cent trente-trois* kilomètres ?

5. Combien y a-t-il de grammes dans :

Trois mille kilogrammes ; vingt-trois mille kilogrammes ; quatre mille trois cents kilogrammes ; trente-cinq mille six cent quarante kilogrammes ?

78. — ORDRES ET CLASSES

Les *unités simples* sont appelées unités du premier ordre.

Les *dizaines* sont appelées unités du second ordre.

Les *centaines* sont appelées unités du troisième ordre.

Les unités simples, dizaines et centaines forment la première classe ou classe des unités.

Les *mille* sont appelés unités du quatrième ordre.

Les *dizaines de mille* sont appelées unités du cinquième ordre.

Les *centaines de mille* sont appelées unités du sixième ordre.

Les mille, dizaines de mille et centaines de mille forment la seconde classe ou classe des mille.

Les *millions* sont appelés unités du septième ordre.

Les *dizaines de millions* sont appelées unités du huitième ordre.

Les *centaines de millions* sont appelées unités du neuvième ordre.

Les millions, dizaines de millions et centaines de millions forment la troisième classe ou classe des millions.

79. — ORDRES ET CLASSES (*Suite*)

Les *billions* (ou *milliards*) sont appelés unités du **dixième ordre.**

Les *dizaines de billions* sont appelées unités du **onzième ordre.**

Les *centaines de billions* sont appelées unités du **douzième ordre.**

Les billions (ou milliards), les dizaines de billions et les centaines de billions forment la quatrième classe ou classe des billions ou classe des milliards.

'Résumé

1ᵉʳ ordre	*unités.*	
2ᵉ ordre	*dizaines d'unités*	} première classe.
3ᵉ ordre	*centaines d'unités*	
4ᵉ ordre	*mille*	
5ᵉ ordre	*dizaines de mille*	} seconde classe.
6ᵉ ordre	*centaines de mille*	
7ᵉ ordre	*millions*	
8ᵉ ordre	*dizaines de millions*	} troisième classe.
9ᵉ ordre	*centaines de millions*	
10ᵉ ordre	*billions*	
11ᵉ ordre	*dizaines de billions*	} quatrième classe.
12ᵉ ordre	*centaines de billions*	

---

80. — ÉCRITURE DES NOMBRES

Pour écrire un nombre qui contient des mille et des unités, on écrit d'abord le nombre des mille et ensuite le reste.

Exemples :

dans :   quatre mille   huit cent quarante-sept

il y a :   **4** *mille* et **847**

il s'écrit :   **4   847**

dans :   cent douze mille   quatre cent neuf

il y a :   **112** *mille* et **409**

il s'écrit :   **112   409**

Il ne faut pas oublier de mettre des zéros pour tenir les places des ordres qui manquent.

dans :   trois cent cinquante-six mille   vingt-neuf

il y a :   **356** *mille* et **29**

il s'écrit :   **356   029**

Trente-trois mille sept

s'écrit :   **33 007** (pas de dizaine, pas de centaines).

Deux cent dix mille trente

s'écrit :   **210 030** (pas d'unités, pas de centaines, pas d'unités de mille).

On sépare les mille des unités en laissant un petit intervalle.

(Ne mettre ni point ni virgule pour séparer.)

EXERCICES ÉCRITS.

Écrire en chiffres les nombres suivants :

1. Vingt-trois mille sept cent trois; deux cent quinze mille deux cent quarante; douze mille treize; trois cent mille cinq cent quarante-sept; trois cent mille deux; sept cent seize mille quatre-vingts; huit cent trente mille soixante et un; neuf cent mille un.

81. — ÉCRITURE DES NOMBRES (*Suite*)

Pour écrire un nombre qui contient des billions, des millions, des mille et des unités, on écrit séparément : le nombre de billions, le nombre de millions, le nombre de mille et le nombre d'unités.

On écrit séparément chaque classe comme si elle était seule.

La classe des unités occupe les **3** premiers rangs *à droite.*

La classe des mille occupe les **3** rangs suivants à la gauche des centaines.

La classe des millions occupe les **3** rangs suivants à la gauche des centaines de mille.

La classe des millions occupe les **3** rangs suivants à gauche des centaines de millions.

EXEMPLE : *Écrire en chiffres :*

Quatre cent cinquante millions, trois cent deux mille, cinq cent quatre-vingt-huit unités.

C'est : **450** millions **302** mille **588** unités

ce qui s'écrit : **450 382 588.**

Classe des   Classe des   Classe des
millions.   mille.   unités.

Vingt-trois milliards, sept cent treize millions, quarante-deux.

23 713 000 042.

Milliards. Millions. Mille.   Unités

EXERCICES ÉCRITS.

1. Écrire en chiffres les nombres suivants :

Deux cent vingt-trois millions, cinq cent deux mille trois cents; quatre cent cinquante-sept millions trois mille deux cent six; treize millions soixante-cinq mille quatre; six millions deux; quatre milliards; cinq milliards sept cent quinze mille huit cent trois; douze billions deux cents millions sept cent mille; un billion treize millions quatre-vingt-trois; quarante-six millions; six millions deux mille sept.

82 — LIRE UN NOMBRE ÉCRIT

Pour lire un nombre de plus de trois chiffres :

On le partage en tranches de **3** chiffres en commençant par la droite.

La dernière tranche à gauche peut n'avoir qu'un ou deux chiffres.

La première tranche à droite est la tranche des unités.

La deuxième tranche celle des mille.

La troisième tranche celle des millions.

La quatrième tranche celle des billions.

QUATRIÈME CLASSE			TROISIÈME CLASSE			DEUXIÈME CLASSE			PREMIÈRE CLASSE		
Centaines de billions.	Dizaine de billions.	Billions.	Centaines de millions.	Dizaines de millions.	Millions.	Centaines de mille.	Dizaines d'e mille.	Mille.	Centaines d'unités.	Dizaines d'unités.	Unités.
2	5	3	4	0	1	9	3	6	7	6	4

Tranche des **BILLIONS**	Tranche des **MILLIONS**	Tranche des **MILLE**	Tranche des **UNITÉS**

On lit chaque tranche comme si elle était seule en commençant par la gauche et on dit à la suite le nom de la classe qu'elle représente.

Ainsi le nombre ci-dessus se lit :

253 billions **401** millions **936** mille **764** unités.

ou :

Deux cent cinquante-trois *billions*, quatre cent un *millions*, neuf cent trente-six *mille*, sept cent soixante-quatre.

83. — LIRE UN NOMBRE ÉCRIT (*Fin*)

EXEMPLES : *Soit à lire les nombres* : **841 527**, **3 206 012**, **3 200 007 415**, **80 000** et **7 000 000**.

$$\underline{8\ 4\ 1}\ \ \underline{5\ 2\ 7}$$

Tranche   Tranche
des milles des unités

se lit :   **841** *mille* **527** *unités*,

Huit cent quarante et un mille cinq cent vingt-sept.

$$\underline{3\ 2\ 0\ 6}\ \ \underline{0\ 1\ 2}$$

Tranche   Tranche   Tranche
des millions des mille des unités

se lit :   **3** *millions* **206** *mille* **012** *unités*,

Trois millions deux cent six mille douze.

$$\underline{7}\ \ \underline{0\ 0\ 0}\ \ \underline{0\ 0\ 0}$$

Millions   Mille   Unités

7 *millions.* Se lit : *sept millions.*

$$\underline{8\ 0}\ \ \underline{0\ 0\ 0}$$

Mille   Unité

se lit :   *Quatre-vingt mille.*

$$\cdot 3\ \ \underline{2\ 0\ 0}\ \ \underline{0\ 0\ 7}\ \ \underline{4\ 1\ 5}$$

billions   millions   mille   unités

se lit : **3** *billions* **200** *millions* **7** *mille* **415**

ou   *trois billions deux cent millions sept mille quatre cent quinze.*

EXERCICES.

1. Lire les nombres suivants :

42 517 ; 213 000 ; 6 000 ; 20 000 ; 32 007 ; 415 081 ; 700 007 ; 2 315 971 ; 6 200 000 ; 25 007 315 ; 8 913 710 235 ; 75 000 220 003 ; 4 000 000 000 ; 125 210 397 000 ; 30 000 000 087.

84. — ADDITION

Les additions avec un nombre quelconque de chiffres se font comme lorsqu'il n'y a que trois chiffres.

Il faut avoir bien soin de mettre les unités sous les unités, les dizaines sous les dizaines, les centaines sous les centaines, et ainsi de suite.

Il ne faut pas oublier les retenues.

EXEMPLE D'ADDITION :

```
  213 715
   45 004
  703 951
  210 746
4 763 813
      409
   75 777
─────────
6 013 415
```

On ajoute les unités ; on trouve **35**, on pose **5** et on *retient* **3**. On ajoute **3** aux dizaines ; on trouve **21** ; on pose **1** et on *retient* **2**. On ajoute **2** aux centaines ; on trouve **44** ; on pose **4** et on *retient* **4**. On ajoute **4** aux mille ; on trouve **23** ; on pose **3** et on *retient* **2**. Et ainsi de suite.

EXERCICES DE CALCUL ÉCRIT.

Additions à faire :

```
   416 203        23 416 270      435 846 987
    25 415               115      246 713 419
   213 999         3 792 004        4 605 715
       783            46 316      983 004 229
 3 715 007         2 888 475      765 432 189
    22 419            16 666       12 345 678
```

81 216 23 + 46 + 21 789 + 416 713 + 7 514 ;

2 706 981 + 33 789 + 2 301 + 6 815 943 ;

16 200 273 + 86 463 965 + 23 744 + 59 413.

85. — SOUSTRACTION

Les soustractions avec un nombre quelconque de chiffres se font comme lorsqu'il n'y a que trois chiffres.

Il faut avoir bien soin de mettre les unités sous les unités, les dizaines sous les dizaines, les centaines sous les centaines, et ainsi de suite.

Ne pas oublier les retenues.

Ne pas oublier d'abaisser les derniers chiffres à gauche.

EXEMPLE DE SOUSTRACTION :

415 203 712
9 781 801
—————————
405 421 911

On dit **1** de **2** reste **1**, je pose **1**. **0** de **1** reste **1**, je pose **1**. **8** de **17** reste **9**, je pose **9** et je *retiens* **1**. **1** de retenue et **1** font **2**; **2** de **3** reste **1**; je pose **1**. **8** de **10** reste **2** et je *retiens* **1**. **1** de retenue et **7** font **8**; **8** de **12** reste **4**; je pose **4** et je *retiens* **1**. **1** et **9** font **10**; **10** de **15** reste **5**; je pose **5** et je *retiens* **1**. **1** de **1** reste **0**; je pose **0**. J'abaisse le **4**.

———————————————

EXERCICES DE CALCUL ÉCRIT.

Soustractions à faire :

415 920	316 000	2 743 400 783
206 789	28 715	963 183 691

13 746 — 7 851; 65 401 — 24 416; 100 000 — 887;
6 000 743 402 — 993 337 789; 13 000 000 — 12 836 715;
325 800 213 — 78 789 666; 17 000 415 — 4 958 629
625 289 783 304 — 389 715 900 716.

86. — CALCUL MENTAL

Le complément à **10** d'un chiffre est un autre chiffre qui, ajouté au premier, donne une somme égale à **10**.

Chiffres :	**1**	**2**	**3**	**4**	**5**	**6**	**7**	**8**	**9**
Compléments à 10 :	**9**	**8**	**7**	**6**	**5**	**4**	**3**	**2**	**1**

Exercice I. — Énoncer immédiatement la somme de trois et même de plus de trois chiffres lorsque deux ou plusieurs chiffres ont une somme égale à **10** ou à un nombre exact de dizaines.

Ainsi on doit dire de suite : **7**, **5** et **3** font **15**, en observant que **7** et **3** font **10** (**3** et **7** sont *complémentaires à* **10**).

De même, **8**, **4** et **2** font **14**, car **2** est le complément à **10** de **8**.

Exercice II. — On appelle nombre *rond* un nombre terminé par un ou plusieurs zéros.

Arrondir un nombre, c'est lui ajouter un chiffre tel, que la somme obtenue soit un nombre rond.

Pour arrondir un nombre, il suffit de lui ajouter le complément à **10** du chiffre des unités.

Pour arrondir **57**, on ajoute **3** et on a **60**. Pour arrondir **118**, on ajoute **2** et on a **120**.

EXERCICES ORAUX.

1. Faire de tête les additions suivantes :

$7+4+3$; $6+5+4$; $6+3+2+2$; $8+4+1+2$;
$5+3+2+6$; $4+4+3+2$; $9+4+1+3$; $16+4+4+2$;
$26+3+7$; $5+16+5$; $5+36+2+3$.

2. Un élève a trois casiers : dans le premier il y a 6 livres; dans le second 3 livres; dans le troisième 4 livres. Combien y a-t-il de livres?

3. Une personne achète quatre objets qui valent 4^{fr}, 3^{fr}, 2^{fr} et 8^{fr}. Combien a-t-elle payé?

4. Arrondir les nombres suivants :

13, 47, 42, 54, 72, 83, 97, 146, 215, 163, 1271.

87. — CALCUL MENTAL (*Suite*)

Exercice III. — *Ajouter des nombres terminés par des zéros.*

Ainsi **40** et **50** et **60** font **4** et **5** et **6** *dizaines*, donc **15** dizaines ou **150**.

De même, **300** et **400** et **700** font **3** et **4** et **7** *centaines* ou **14** centaines ou **1400**.

Exercice IV. — *Faire de tête la somme de deux chiffres.*

Pour cela on ajoute *d'abord* les dizaines et ensuite les unités. On réunit les résultats. Ainsi, pour ajouter **23** et **45** on dit : **20** et **40** font **60**; **3** et **5** font **8**; **60** et **8** font **68**.

De même, pour ajouter **86** et **58** on dit : **80** et **50** font **130**; **6** et **8** font **14**; **130** et **14** font **144**.

EXERCICES ORAUX.

1. Faire de tête les additions suivantes :

$60 + 70 + 30$; $40 + 50 + 60$; $60 + 30 + 10$;
$200 + 100 + 600$; $700 + 800 + 300$; $4000 + 5000 + 2000$;
$46 + 53$; $52 + 21$; $23 + 34$; $64 + 27$; $72 + 38$; $48 + 69$;
$67 + 75$; $99 + 88$; $73 + 67$; $87 + 78$.

2. Combien de grammes font :

6 décagrammes et 2 décagrammes et 3 décagrammes; 7^{Dgr} et 2^{Dgr} et 3^{Dgr}; 8^{Hgr} et 4^{Hgr} et 2^{Hgr}; 6^{Kgr} et 3^{Kgr} et 2^{Kgr}?

3. Combien de litres font : 2 hectolitres et 7 hectolitres et 5 hectolitres; 8 décalitres et 4 décalitres et 6 décalitres; 13 décalitres et 7 décalitres et 6 décalitres?

4. Un voyageur a fait trois étapes : la première de 3 kilomètres, la seconde de 6 kilomètres, la troisième de 7 kilomètres. Combien a-t-il fait de mètres?

5. Une personne achète successivement 6 hectogrammes, puis 5 hectogrammes de viande. Combien de grammes de viande a-t-elle achetés?

6. Un petit garçon a deux boîtes de plumes. Dans la première il y a 35 plumes, et dans la seconde 28 plumes. Combien a-t-il de plumes?

7. De Paris à Juvisy il y a 23 kilomètres, de Juvisy à Étampes il y a 37 kilomètres. Combien y a-t-il de kilomètres de Paris à Étampes? Combien de mètres?

88. — MULTIPLICATION

On fait une multiplication de deux nombres quelconques comme dans le cas où il n'y a que deux chiffres au multiplicateur.

On multiplie successivement le multiplicande par tous les chiffres du multiplicateur en commençant par la droite.

On saute les zéros au multiplicateur.

Il faut avoir bien soin d'écrire chaque produit partiel de façon que le dernier chiffre à droite soit bien exactement sous le chiffre du multiplicateur dont il provient :

multiplicande.	**435 038**
multiplicateur	**4 067**
produits partiels.	**3 045 266**
	26 102 28
	1 740 152
produit.	**1 769 299 546**

On multiplie successivement le multiplicande par **7, 6, 4** en *sautant le zéro*.

Il faut faire bien attention de mettre le premier chiffre du produit par **4** *sous* le **4**.

MULTIPLICATIONS A FAIRE PAR ÉCRIT.

3 458	4 509	28 247	7 213
343	207	3 056	498

45 678 × 234 ; 780 912 × 286 ; 48 715 × 503 ; 700 816 × 2 304 ;
8 673 912 × 4 067 ; 45 027 × 603 ; 284 300 × 5 408 ;
997 788 × 7 605 ; 5 742 813 × 678.

PROBLÈMES. — **1.** Un train fait 112 kilomètres à l'heure. Quelle distance parcourrait-il en 165 heures ?

2. Un marchand achète 2 543 barriques de vin à 317 fr. la barrique. Combien a-t-il payé ?

3. L'ancienne lieue de poste valait 3 898 mètres. Combien y avait-il de mètres dans 4 603 lieues ?

89. — PRODUIT DE NOMBRES TERMINÉS PAR DES ZÉROS

Pour multiplier un nombre par **10**, **100**, **1000**, **10 000**, on ajoute à la droite **1**, **2**, **3** **4** zéros.

Ainsi :
$$45 \times 100 = 4\,500$$
$$1\,237 \times 10\,000 = 12\,370\,000.$$

Pour multiplier deux nombres terminés par des zéros, on supprime les zéros ;

On multiplie les deux nombres obtenus ;

On ajoute au produit autant de zéros à droite qu'on en a supprimé en tout dans les deux nombres.

$$\begin{array}{r} 4\,057 \\ 23 \\ \hline 12\,171 \\ 81\,14 \\ \hline 93\,311 \end{array}$$

Ainsi pour faire le produit **405 700** par **23 000**, on supprime les zéros à droite. On multiplie **4057** par **23**, ce qui donne **93 311** et on ajoute *cinq* zéros à droite, puisqu'on en a supprimé cinq. Le produit est donc : **9 331 100 000**.

$$\begin{array}{r} 92\,514 \\ 609 \\ \hline 832\,626 \\ 55\,508\,4 \\ \hline 56\,341\,026 \end{array}$$

De même, pour multiplier **92 514** par **60 900**, on supprime les zéros au multiplicateur. On multplie **92 514** par **609**, ce qui donne **56 341 026**. On ajoute *deux* zéros à droite. Le produit est : **5 634 102 600**.

EXERCICES ORAUX.

1. Multiplier 45, 50, 603, 7014, 397, par 100, 1 000 et 10 000.
2. Combien y a-t-il de litres dans 253 hectolitres ?
3. Combien y a-t-il de grammes dans 5 170 kilogrammes ?
4. Combien y a-t-il de centimes dans 3 725 fr. ?
5. Combien y a-t-il de mètres et de décamètres dans 7 603 kilomètres ?

90. — DOUBLES ET QUADRUPLES

Doubler un nombre c'est multiplier ce nombre par **2**.

Il faut s'exercer à savoir dire, très rapidement, les doubles des petits nombres.

Nombres :	1,	2,	3,	4,	5,	6,	7,	8,	9,	10
Doubles :	2,	4,	6,	8,	10,	12,	14,	16,	18,	20
Nombres :	11,	12,	13,	14,	15,	16,	17,	18,	19,	20
Doubles :	22,	24,	26,	28,	30,	32,	34,	36,	38,	40
Nombres :	21,	22,	23,	24,	25,	26,	27,	28,	29,	30
Doubles :	42,	44,	46,	48,	50,	52,	54,	56,	58,	60
Nombres :	31,	32,	33,	34,	35,	36,	37,	38,	39,	40
Doubles :	62,	64,	66,	68,	70,	72,	74,	76,	78,	80
Nombres :	41,	42,	43,	44,	45,	46,	47,	48,	49,	50
Doubles :	82,	84,	86,	88,	90,	92,	94,	96,	98,	100

Quadrupler un nombre c'est multiplier ce nombre par **4**.

Pour quadrupler un nombre on le double deux fois.

Ainsi, pour quadrupler **23** je dis : le double de **23** est **46**; le double de **46** est **92**. Donc **92** est le quadruple de **23**.

EXERCICES A FAIRE PAR ÉCRIT.

1. — Faire les multiplications suivantes :
43 500 × 2 370; 30 480 × 279 000; 978 000 × 8 940;
704 050 × 494; 7 304 × 5 200; 895 200 × 7 314;
6 457 × 2 930; 30 300 × 2 700.

2. La lumière parcourt 298 000 kilomètres à la seconde. Elle met 498 secondes à venir du soleil à la terre. Quelle est la distance du soleil à la terre ?

91. — TRIPLES

Tripler un nombre c'est multiplier ce nombre par **3**.

Il faut s'exercer à savoir dire très rapidement les triples des petits nombres.

Nombres :	1, 2, 3, 4, 5, 6, 7, 8, 9, 10, 11
Triples :	3, 6, 9, 12, 15, 18, 21, 24, 27, 30, 33
Nombres :	12, 13, 14, 15, 16, 17, 18, 19, 20, 21, 22
Triples :	36, 39, 42, 45, 48, 51, 54, 57, 60, 63, 66
Nombres :	23, 24, 25, 26, 27, 28, 29, 30, 31, 32, 33
Triples :	69, 72, 75, 78, 81, 84, 87, 90, 93, 96, 99

Pour doubler ou tripler un nombre de trois ou quatre chiffres, on double ou triple les centaines, on double ou triple le reste et l'on réunit les résultats.

Ainsi, **2352** est **23** centaines et **52**, le double est donc **46** centaines et **104** ; donc **4704**.

1. Doubler, tripler et quadrupler les nombres suivants :
83, 72, 68, 97, 56, 112, 224, 476, 2786, 8731.

2. Pierre a 15 billes ; Paul en a le double. Combien de billes a Paul ?

3. Dans un village il y avait 3612 habitants en 1880. La population du village a doublé en vingt ans. Combien y avait-il d'habitants dans le village en 1900 ?

4. Une bicyclette coûte 215 francs. Combien coûtent 2, 3, 4 bicyclettes ?

5. Un litre d'huile pèse 875 grammes. Combien pèsent 2, 3, 4 litres d'huile ?

92. — MOITIÉ

Prendre la **moitié** d'un nombre c'est le diviser par **2**.

2, 4, 6, 8, sont appelés **chiffres pairs.**

1, 3, 5, 7, 9, chiffres impairs.

On appelle **nombre pair** un nombre terminé par **0** ou un chiffre pair.

On appelle **nombre impair** un nombre terminé par un chiffre impair.

Ainsi   **20, 32, 48** sont *pairs*,
           31, 47, 53 sont *impairs*.

Quand on prend la moitié d'un nombre *pair* **il n'y a pas de reste.**

Les moitiés de **20, 32, 48** sont **10, 16, 24,** sans reste.

Quand on prend la moitié d'un nombre *impair* **il reste toujours 1.**

Ainsi les moitiés de **31, 47, 53** sont **15, 23, 26** et il reste toujours **1,** car les doubles de **15, 23** et **26** sont **30, 46** et **52.**

Pour prendre la moitié d'un nombre on cherche le **plus grand double** qui y est contenu.

La moitié de **36** est **18,** car **36** est le double de **18.** La moitié de **63** est **31,** car **62,** le double de **31,** est le plus grand double contenu dans **63.** Le reste est **1.**

Au lieu du mot **moitié** on emploie aussi quelquefois le mot **demie.**

QUESTIONNAIRE :

1. Qu'est-ce qu'un nombre pair?
2. Quels sont les chiffres pairs?
3. Qu'est-ce qu'un nombre impair?
4. Quels sont les chiffres impairs?
5. Quels sont les nombres qui ne donnent pas de reste par 2 ?

EXERCICES ORAUX.

6. Prendre les moitiés des nombres 46, 54, 55, 67, 38, 22, 12, 84, 72, 75, 27, 35, 90.

93. — TIERS. QUART

Prendre le **tiers** d'un nombre c'est diviser ce nombre par **3**.

Pour prendre le tiers d'un nombre, on cherche le **plus grand triple** contenu dans ce nombre.

Ainsi le tiers de **36** est **12**, car **36** est le triple de **12**. Le tiers de **43** est **14**, car le triple de **14** est **42**. Il reste **1**.

Prendre le *quart* d'un nombre c'est diviser ce nombre par **4**.

Pour prendre le quart d'un nombre on en prend la moitié, puis la moitié de cette moitié; car **4** c'est **2** fois **2**.

Ainsi pour avoir le quart de **48**, j'en prends la moitié qui est **24**; puis la moitié de **24** qui est **12**. Le quart de **48** est **12**.

EXERCICES ORAUX.

1. Prendre les tiers et les quarts de : 24, 72, 40, 56, 81, 99, 63, 58, 21, 44.

2. Combien y a-t-il d'œufs dans une demi-douzaine d'œufs, dans un tiers de douzaine, dans un quart de douzaine ?

3. Dans une heure il y a 60 minutes. Combien y a-t-il de minutes dans une demi-heure, un tiers d'heure, un quart d'heure ?

4. Un *quarteron* est le quart d'un cent. Combien y a-t-il de pommes dans un quarteron de pommes ?

5. Combien y a-t-il de litres dans un demi-hectolitre, dans un quart d'hectolitre, dans un demi-boisseau ou demi-décalitre ?

6. Quelle est la moitié d'un kilomètre ? Quel est le quart d'un kilomètre ?

7. Un voyageur doit faire 42 kilomètres dans la journée. Il en fait la moitié le matin et l'autre moitié le soir. Qu'a-t-il fait le matin ?

8. Refaire le même problème en supposant que le voyageur ait 43 kilomètres à faire.

9. Combien y a-t-il de centimes dans un demi-franc, dans un quart de franc ?

10. Combien y a-t-il de grammes dans *une livre* qui vaut un demi-kilogramme ?

94. — DIVISION AVEC DEUX CHIFFRES AU DIVISEUR

PREMIER EXEMPLE : *Soit à diviser* **546** *par* **23.**

dividende : **546** | **23** *diviseur*
46 | **23** *quotient*
86
69
reste : **17**

Je prends deux chiffres à gauche au dividende et je dis : en **54** combien de fois **23** ou, plus simplement, en **5** combien de fois **2** ? Il y est **2** fois.

J'essaie **2**, **2** fois **23** font **46**. **46** et plus petit que **54**. J'écris **2** au quotient. J'écris **46** au-dessous de **54** et je fais la soustraction. Il reste **8**.

A droite de **8** *j'abaisse* le chiffre suivant du dividende. Je dis : en **86** combien de fois **23** ou plus simplement, en **8** combien de fois **2** ? Il y est **4** fois.

J'essaie **4**. Or, **4** fois **23** font **92**, **92** est plus grand que **86**. **4** est *trop fort*. J'essaie **3**, **3** fois **23** font **69**. **69** est contenu dans **86**. J'écris **3** au quotient. J'écris **69** *sous* **86** et je fais la soustraction. Il reste **17**.

Le *quotient* est **23**. Le *reste* est **17**.

N'écrire un chiffre au quotient que lorsqu'il a été essayé et qu'il n'est pas trop fort.

N'écrire un produit pour le soustraire que s'il n'est pas trop fort.

FAIRE LES DIVISIONS SUIVANTES.

945 par 21 ;   744 par 31 ;   448 par 16 ;   690 par 27 ;
620 par 34 ;   290 par 17 ;   557 par 19 ;   536 par 38.

95. — DIVISION (Suite)

Prendre pour commencer trois chiffres à gauche du diviseur s'il n'y en a pas assez de deux.

Deuxième exemple : *Soit à diviser* 25 791 *par* 43.

dividende : 25791 | 43 *diviseur*

215 | 599 *quotient*

429

387

421

387

reste : 34

43 n'est pas contenu dans 25. Je prends *trois* chiffres à gauche dans le dividende et je dis : Dans 257 combien de fois 43 ou mieux dans 25 combien de fois 4 ?

Il y est 6 fois. *J'essaie* 6. Or, 6 fois 43 font 258 qui n'est pas contenu dans 257. Donc 6 est *trop fort.* J'essaie 5. Or, 5 fois 43 font 215 qui est contenu dans 257. J'écris 5 au quotient. J'écris 215 sous 257 et je soustrais. J'obtiens 42. *J'abaisse* le chiffre 9 suivant du dividende à droite de 42. Je dis : en 429 combien de fois 43 ou mieux en 42 combien de fois 4 ? Il y est 10 fois. 10 est sûrement *trop fort,* car on ne doit avoir qu'un chiffre. J'essaie donc 9. Or, 9 fois 43 font 387 qui est contenu dans 429. J'écris 9 au quotient. J'écris 387 sous 429 et je soustrais. La différence est 42, à droite de 42 j'abaisse le dernier chiffre 1 du dividende. Je dis : dans 421 combien fois 43, ou mieux, dans 42 combien de fois 4 ? Il y est 10 fois. 10 est *sûrement trop fort.* J'essaie 9. 9 fois 43 font 387, qui est contenu dans 421. J'écris 9 au quotient. J'écris 387 sous 421 et je soustrais. Il reste 34.

Le quotient est 599. Le reste est 34.

96. — DIVISION (*Suite*)

Lorsqu'on trouve pour le chiffre à essayer 10 ou plus de 10 : essayer de suite le chiffre 9.

Lorsque le chiffre du quotient est 0 : écrire de suite ce 0 et abaisser le chiffre suivant du dividende.

TROISIÈME EXEMPLE : *Soit à diviser* **23 374** *par* **58**.

```
dividende : 23374 │ 58  diviseur
            232   │─────────────
            ────   │ 403 quotient
             174   │
             174   │
            ────   │
reste :        0   │
```

58 n'est pas contenu dans **23**. Je prends trois chiffres à gauche dans le dividende. Je dis : dans **232** combien de fois **58** ou dans **23** combien de fois **5** ? Il y est **4** fois. J'essaie **4**. **4** fois **58** font **232**. **232** est contenu dans **233**. J'écris **4** au quotient. Je retranche **232** de **233**. Il reste **1**, à droite de **1** j'abaisse le chiffre **7** suivant du dividende. Je dis : dans **17** combien de fois **58** ? Il n'y est pas contenu. *J'écris* **0** *au quotient et j'abaisse le chiffre suivant* **4**. Dans **174** combien de fois **58** ou dans **17** combien de fois **5** ? Il y est **3** fois. **3** fois **58** font **174**. J'écris **3** au quotient.

Le reste est **0**.

58 est contenu *exactement* **403** fois dans **23374**, sans reste.

FAIRE LES DIVISIONS SUIVANTES.

4856 par 37 ;	2740 par 82 ;	78 349 par 99 ;
67 150 par 78 ;	80 000 par 46 ;	165 004 par 17 ;
24 957 par 38 ;	1 465 945 par 54.	

97. — DIVISION (*Fin*)

VÉRIFICATION. — Pour voir si une division est juste, on multiplie le diviseur par le quotient. A ce produit on ajoute le reste. La somme est égale au dividende si l'opération est juste.

Vérifions les trois divisions précédentes.

PREMIÈRE VÉRIFICATION		DEUXIÈME VÉRIFICATION		TROISIÈME VÉRIFICATION	
diviseur	23	*diviseur*	43	*diviseur*	58
quotient	23	*quotient*	599	*quotient*	403
	69		387		174
	46		387		232
produit	529		215	*dividende*	23374
reste	17	*produit*	25757		
dividende	546	*reste*	34		
		dividende	25791		

Pour la troisième : Ici il n'y a rien à ajouter *puisqu'il n'y a pas de reste.*

EXERCICES A FAIRE PAR ÉCRIT.

1. Faire les divisions suivantes et *vérifier* les résultats :
4786 par 9 ; 28444 par 6 ; 459 par 16 ; 875 par 43 ; 136 par 62 ; 2703 par 81 ; 65489 par 97 ; 78714 par 78 ; 238547 par 35 ; 946003 par 57 ; 1 000 000 par 39.

PROBLÈMES.

2. Un régiment a fait 480 kilomètres en 15 étapes de même longueur. Quelle est la longueur d'une étape ?

3. Combien de paniers contenant 6 douzaines de pommes peut-on remplir avec 2349 pommes ? En restera-t-il ? et combien ?

4. 38 tonneaux de vin de même contenance contiennent 8850 litres de vin. Combien contient un tonneau ?

5. On a acheté 75 mètres de drap pour 1050 francs. Combien coûte le mètre de drap ?

6. Une personne a 453 francs et veut faire un voyage avec cet argent. Elle sait qu'elle devra dépenser 17 francs par jour. Combien de jours pourra-t-elle voyager ? Lui restera-t-il de l'argent au bout du voyage ?

98. — GÉOMÉTRIE

Lorsqu'on tend un fil on a une ligne droite.

Le bord d'une règle, les lignes tracées sur un cahier sont des lignes droites.

Un angle est la figure formée par deux lignes droites qui se coupent et qui sont *arrêtées* au point ou elles se coupent.

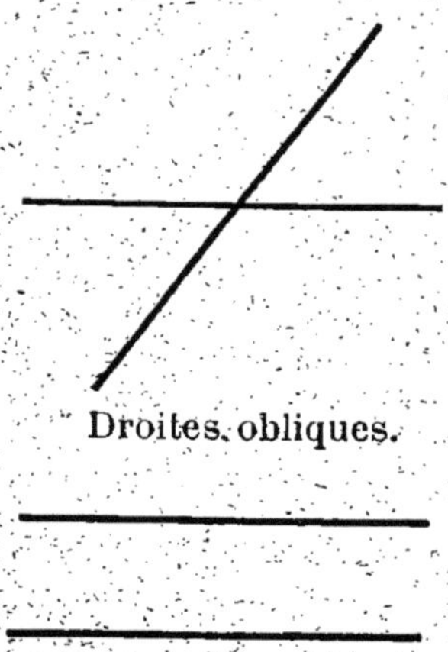

Angle.

Les deux droites sont appelées les **côtés** de l'angle. Le point où elles se rencontrent est le **sommet** de l'angle.

Droites perpendiculaires.

Deux droites sont perpendiculaires lorsqu'elles forment quatre angles égaux autour de leur point de rencontre.

Droites obliques.

Deux droites qui se rencontrent mais ne sont pas perpendiculaires sont appelées **obliques.**

Droites parallèles.

Deux droites qui ne se rencontrent pas sont **parallèles.**

99. — GÉOMÉTRIE (*Suite*)

On appelle **angle droit** un angle qui a ses deux côtés perpendiculaires.

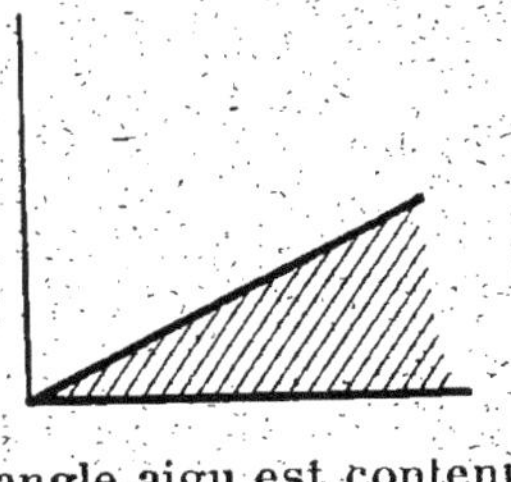

Angle droit.

Un angle est dit **aigu** lorsqu'il est *plus petit* qu'un angle droit.

Angle aigu.

L'angle aigu est contenu dans l'angle droit.

Un angle est dit **obtus** quand il est *plus grand* qu'un angle droit.

Angle obtus.

L'angle droit est contenu dans l'angle obtus.

On appelle **triangle** une figure formée de trois droites qui se rencontrent deux à deux en trois points.

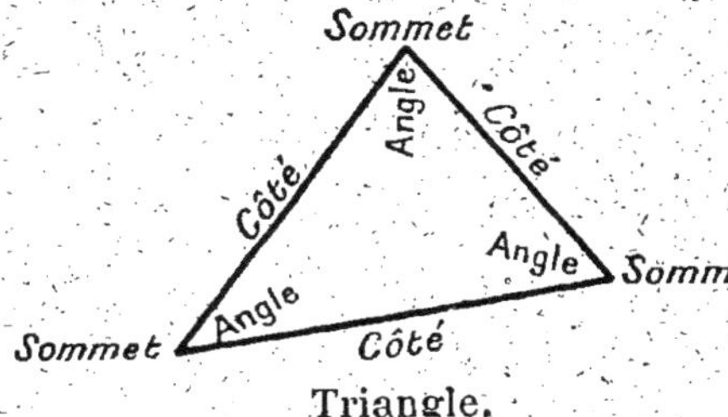

Triangle.

Les trois droites sont appelées les côtés du triangle; les trois points de rencontre sont appelés les trois sommets. Dans un triangle il y a : *trois côtés, trois sommets, trois angles.*

100. — GÉOMÉTRIE (*Fin*)

On appelle rectangle une figure formée de quatre droites qui forment quatre angles droits.

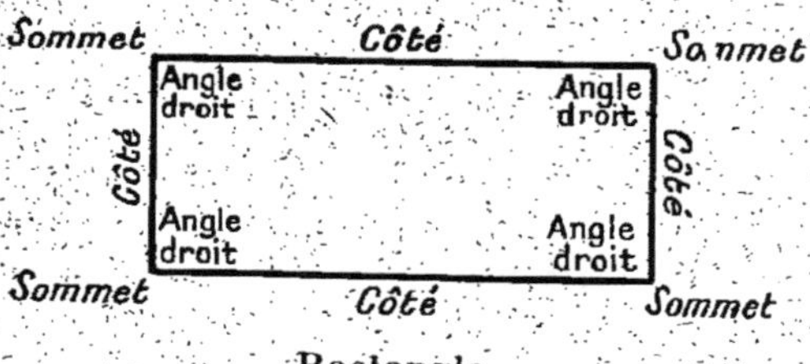

Rectangle.

Les quatre droites sont appelées les côtés du rectangle. Les points où elles se coupent sont appelés les sommets.

Dans un rectangle il y a : *quatre côtés, quatre sommets, quatre angles droits.*

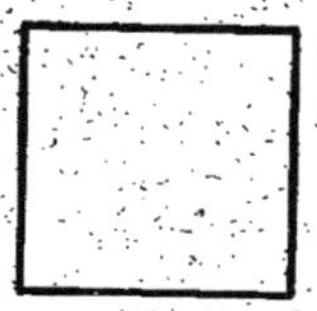
Carré.

Un carré est un rectangle dont les quatre côtés sont *égaux.*

Dans un carré il y a : *quatre côtés égaux, quatre sommets, quatre angles droits.*

Un cercle est une figure ronde dont tous les points sont à la même distance d'un point appelé *centre.*

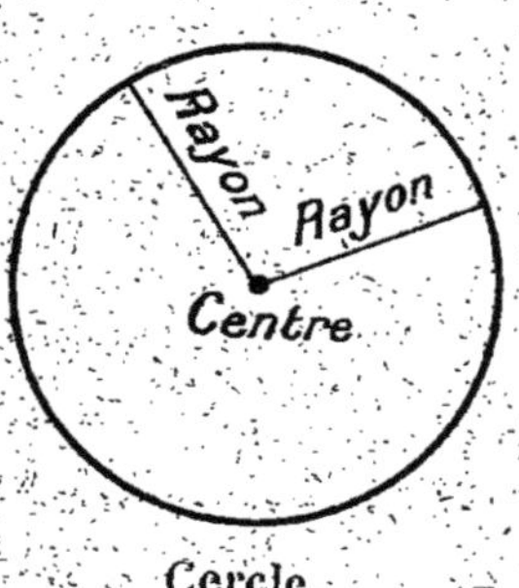

Cercle.

On appelle rayon la ligne qui va du centre à un point du cercle.

Tous les rayons d'un cercle sont égaux.

Un cerceau pour jouer est un cercle.

PROBLÈMES DE RÉCAPITULATION

ADDITION.

119. Deux touristes gravissent le mont Blanc ; ils se sont élevés à 2 578 mètres et il leur reste encore à gravir 2 232 mètres. Quelle est l'altitude du mont Blanc ?

120. Pour faire une cloche, on a fondu ensemble 3 458 kilogrammes de cuivre et 865 kilogrammes d'étain. Quel est le poids de la cloche ?

121. Une personne fait creuser un puits de 6 mètres de profondeur ; elle doit payer 10 francs pour le premier mètre, 16 fr. pour le deuxième, 22 fr. pour le troisième, et ainsi de suite en augmentant successivement de 6 fr. pour chacun des autres mètres. A combien lui reviendra ce puits lorsqu'il sera creusé ?

122. Combien y a-t-il d'hommes dans un régiment composé de 4 bataillons : le premier de 1210 hommes, le deuxième de 1075, le troisième de 985 et le quatrième de 1100 ?

123. Un épicier a acheté 5 sortes de café : il a pris 182 kilogrammes de la première qualité, 225 kilogrammes de la seconde et autant de la cinquième, de la troisième autant que des deux premières, et enfin, de la quatrième, 32 kilogrammes de plus que de la cinquième. Combien a-t-il acheté en tout de kilogrammes de café ?

124. Une propriété a été payée 35 000 fr. ; après y avoir fait des travaux pour 17 545 fr., on a pu la revendre en réalisant un bénéfice égal au prix d'acquisition. Quelle somme a-t-on revendu cette propriété ?

125. Un négociant achète une première fois 54 hectolitres de vin pour 2 700 fr., une deuxième, 39 hectolitres pour 3 900 fr., et une troisième 75 hectolitres pour 5 000 fr. Combien d'hectolitres de vin a-t-il achetés en tout, et quelle est la somme totale déboursée par le négociant ?

126. Une personne est née en 1875. En quelle année aura-t-elle 57 ans ?

SOUSTRACTION.

127. A quel âge est morte, en 1903, une personne qui était née en 1827 ?

128. Une personne a acheté une maison 17 850 fr. et l'a revendue 20 000 fr. Quel bénéfice a-t-elle réalisé ?

129. Une maison de commerce a fait dans le courant d'une année 346 000 fr. de recettes et 310 750 fr. de dépenses. Quel bénéfice net a réalisé cette maison ?

130. D'un grenier à fourrage contenant 25 000 bottes de foin et 35 000 bottes de paille, on a retiré 12 545 bottes de foin et 17 450 bottes de paille. Que reste-t-il dans le grenier ?

131. Un marchand achète 79 chevaux qu'il paie 47 875 fr. ; il en vend d'abord 45 pour la somme de 40 500 fr. Combien doit-il vendre ceux qui lui restent pour gagner 8 000 fr. sur son marché ?

132. Un banquier a dans son coffre-fort une somme de 352 427 fr.
Il y a pour 119 750 fr. de billets de banque, 101 810 fr. de monnaie
d'or et le reste est en monnaie d'argent. Quelle est la valeur de cette
dernière ?

133. Quelle somme doit emprunter une personne qui ne dispose que
de 1 500 fr. pour payer une dette de 2 450 fr. ?

134. La somme de deux nombres est 52 344 ; l'un de ces nombre
est 16 679. Quel est l'autre ?

135. Quel nombre faut-il soustraire de 58 635 pour obtenir 27 111
pour reste ?

MULTIPLICATION.

136. Une main de papier contient 25 feuilles. Combien y a-t-il de
feuilles dans 25 mains ?

137. Un champ a produit 239 gerbes. Quel est le poids de cette
récolte si chaque gerbe pèse 15 kilogrammes ?

138. Une heure contient 60 minutes ; il y a 24 heures dans un jour.
Combien y a-t-il de minutes dans un mois de 30 jours ?

139. Un négociant achète 135 pièces de vin de 225 litres chacune,
à 1 fr. le litre. Que doit-il payer ?

140. Combien y a-t-il de lignes dans un volume de 485 pages, si
chaque page contient 24 lignes ?

141. Combien y a-t-il de lettres dans un ouvrage de 172 pages, chaque page ayant 45 lignes de chacune 37 lettres en moyenne ?

142. 6 personnes ont acheté chacune au même marchand 35 mètres
d'étoffe à raison de 17 fr. le mètre. Quelle somme a reçue le marchand ?

143. Dans un tiroir il y a un billet de 50 fr., 7 pièces de 20 fr. et
6 pièces de 5 fr. Quelle somme renferme-t-il ?

144. Quelle somme un cultivateur a-t-il retirée de la vente de 16 sacs
de blé à 28 fr. l'un et de 12 sacs d'avoine à 18 fr. l'un ?

145. Un meunier a sur sa charrette 15 sacs de blé pesant chacun
100 kilogrammes, et 12 sacs de farine pesant chacun 92 kilogrammes.
Quel est le poids de son chargement ?

146. Un marchand vend 65 mètres d'étoffe à 2 fr. le mètre, et on
lui donne un premier acompte de 52 fr. Combien lui redoit-on ?

147. Un entrepreneur a fait une commande de 5 000 briques. On lui
en a déjà livré 4 voitures de chacune 350 et 3 voitures de chacune
575. Combien lui en manque-t-il ?

148. Après avoir acheté 9 mètres d'étoffe il me reste 2 fr. et il me
manque 1 fr. pour pouvoir acheter un mètre de plus. Quel était le prix
du mètre d'étoffe, et quelle somme avais-je avant mon achat ?

149. Une personne lègue 8 400 fr. à chacun de ses cinq neveux, et
1 600 fr. de plus à chacune de ses quatre nièces. Quelle est la valeur
de l'héritage ?

150. J'ai donné 4 billets de 100 fr. pour payer 25 mètres de drap
valant chacun 20 fr. Que dois-je encore ?

151. Une maison est louée à 5 ménages : deux paient chacun
125 fr. par trimestre et les trois autres chacun 45 fr. par mois. Combien la maison rapporte-t-elle en un an ?

152. Un marchand de chevaux avait acheté pour 7800 fr. des chevaux qu'il a revendus en réalisant un bénéfice total de 540 fr. Sachant que chaque cheval a été revendu 695 fr., combien y avait-il de chevaux ?

153. Un meunier achète 45 sacs de blé pesant chacun 120 kilogrammes à raison de 25 fr. les 100 kilogrammes, et 50 sacs de 100 kilogrammes chacun pour 1200 fr. On demande : 1° Combien il a acheté de kilogrammes de blé ; 2° le prix du sac de la seconde acquisition ; 3° la somme totale qu'il a payée ?

154. Un négociant a acheté 162 hectolitres de vin pour 8100 fr. ; il a dû payer en outre 450 fr. de transport et 81 fr. de magasinage. Combien doit-il revendre l'hectolitre s'il veut gagner 1737 fr. sur le tout ?

155. On a payé 3240 fr. pour l'achat de 18 pièces d'étoffe contenant chacune 30 mètres. Quel était le prix du mètre ?

156. Un négociant fait un mélange de 16 hectolitres de vin à 45 fr. l'hectolitre et de 24 hectolitres d'un autre vin à 60 fr. Que doit-il revendre l'hectolitre du mélange pour gagner 240 fr. sur le tout ?

157. Un fermier vend 6 bœufs à raison de 660 fr. chacun, et, avec le produit de cette vente, il achète des moutons valant 60 fr. l'un. Combien a-t-il eu de moutons ?

158. Partager une somme de 19960 fr. entre trois personnes de façon que la troisième ait autant à elle seule que les deux premières, qui doivent avoir une part égale.

159. Un ouvrier a 821 mètres d'ouvrage à faire en 40 jours. Les 17 premiers jours il a fait en moyenne 28 mètres par jour. Quelle quantité de mètres doit-il faire par jour pour achever son travail à l'époque fixée ?

160. Un marchand revend 16 fr. du drap qui lui a coûté 13 fr. le mètre ; il gagne ainsi 63 fr. sur un coupon. Quelle est la longueur de ce coupon ?

161. Une première personne achète 4 pièces de vin ; une seconde en achète 6 pièces de la même qualité et paie 300 fr. de plus que la première. Calculer le prix d'une pièce de vin et la somme payée par chacun des acheteurs.

162. On a partagé une somme de 400 fr. entre 14 personnes et 6 de ces personnes ont eu chacune 48 fr. Quelle est la part de chacune des autres ?

163. On mélange 15 hectolitres de vin à 68 fr. l'hectolitre avec 6 hectolitres de vin à 75 fr. l'hectolitre. Quel est le prix de revient de l'hectolitre du mélange ?

164. Un hectolitre de blé pèse 80 kilogrammes. Quel est le poids de blé récolté dans un champ qui a produit 3942 gerbes, sachant qu'il faut 18 gerbes pour avoir un hectolitre de blé ?

165. Un employé gagne 3600 fr. par an, mais on lui retient 24 fr. par mois pour les verser à la caisse de retraites. Que touche-t-il effectivement par mois ?

166. Une fontaine donne 360 litres d'eau en 8 minutes ; une autre en donne 210 litres en 5 minutes. Combien ces deux fontaines, coulant ensemble, fournissent-elles d'eau : 1° en une minute; 2° en 15 minutes ?

167. Un marchand revend, à raison de 15 fr. le mètre, un coupon de velours qu'il avait acheté 52 fr. les 4 mètres, et il gagne 40 fr. à ce marché. Calculer la longueur du coupon vendu.

168. On achète du drap à 208 fr. les 16 mètres, et on l'a revendu 240 fr. les 15 mètres. La vente totale a produit 342 fr. de bénéfice. Combien de mètres de drap a-t-on revendus ?

169. Une somme de 27 000 fr. est partagée de la manière suivante : 3 personnes prennent la moitié de la somme et les 5 autres le reste. Quelle est la part de chacune ?

170. 100 kilogrammes de blé fournissent 75 kilogrammes de farine. Quel sera le rendement en farine de 48 sacs de blé pesant chacun 150 kilogrammes ?

171. Un employé gagne 1 800 fr. par an; après le deuxième trimestre on l'augmente de 120 fr. par an. Combien aura-t-il reçu dans toute son année ? Combien gagnera-t-il par mois pendant l'année qui suivra son augmentation ?

172. Un père laisse en mourant 15 200 fr. à chacun de ses enfants. L'un d'eux vient à mourir, et sa part est divisée entre chacun des survivants. Sachant que chacun d'eux possède alors 19 000 fr., trouver la fortune du père et le nombre des enfants.

173. Combien mettrait-on de jours pour aller à pied de Paris à Bordeaux, sachant que la distance de ces deux villes est de 145 lieues de 4 kilomètres, et en supposant qu'on fasse régulièrement 29 kilomètres par jour ?

174. Un ouvrier gagne 1 200 fr. par an. Quelle somme lui doit-on au bout de 8 mois de travail, sachant qu'il a déjà reçu 300 fr. ?

175. Pour 810 fr. on a acheté un certain nombre de mètres de drap ; on en aurait eu 6 mètres de plus pour 918 fr. Combien de mètres a-t-on achetés et quel est le prix du mètre ?

TABLE DES MATIÈRES

De Un a Cent 3
Écriture des nombres 15
Addition 20
Le mètre, le litre, le gramme . 25
Soustraction 33
Multiplication 36
Problèmes de récapitulation . 44

De Cent a Mille 47
Écriture des nombres 54
Système métrique 56
Addition 58
Soustraction 61

Multiplication 66
Division 71
Problèmes de récapitulation . 78

Au dela de Mille 81
Écriture des nombres 88
Addition 92
Soustraction 93
Multiplication 96
Division 102
Géométrie 106
Problèmes de récapitulation . 109
Table des matières 112

50575. — Imprimerie Lahure, rue de Fleurus, 9, à Paris.